LA
LOUVETERIE

ET LA
DESTRUCTION DES ANIMAUX NUISIBLES

QUELQUES LEÇONS

PROFESSÉES À L'ÉCOLE FORESTIÈRE DE NANCY

PAR

F.-A. PUTON

AVOCAT
ANCIEN ÉLÈVE DE L'ÉCOLE FORESTIÈRE

Ut ameris, amabilis esto.

NANCY

DE L'IMPRIMERIE DE L'ÉCOLE FORESTIÈRE

1872

LA

LOUVETERIE

ET LA

DESTRUCTION DES ANIMAUX NUISIBLES

LA
LOUVETERIE

ET LA

DESTRUCTION DES ANIMAUX NUISIBLES

QUELQUES LEÇONS

PROFESSÉES A L'ÉCOLE FORESTIÈRE DE NANCY

PAR

F.-A. PUTON

AVOCAT

ANCIEN ÉLÈVE DE CETTE ÉCOLE

Maxime in minimis servanda Lex.

NANCY

DE L'IMPRIMERIE DE L'ÉCOLE FORESTIÈRE

FAUBOURG STANISLAS, 3

1872

PREMIÈRE LEÇON

I

CONSIDÉRATIONS GÉNÉRALES

Messieurs,

1. — Il ne se passe pas d'année sans que les conseils d'arrondissement, les conseils généraux et tous les organes de l'opinion publique ne formulent des vœux pour la révision de la législation concernant les animaux nuisibles. Et cependant cette législation qui date du Directoire et qui emprunte même certaines dispositions à des actes de l'ancienne monarchie, n'a reçu aucune modification depuis 1844. Cette unanimité de désirs, d'une part, et cet état stationnaire, d'autre part, semblent prouver que cette législation est mal connue de ceux qui la critiquent, que, en réalité, elle n'est point mauvaise, et que, à part de légères imperfections, elle satisfait aux besoins qu'elle a en vue. Cette ignorance générale

sera donc, pour vous, le motif d'un intérêt qui s'accroîtra de tout le sentiment de vos devoirs professionnels.

L'administration des forêts est, en effet, chargée du rôle le plus délicat dans l'exécution des mesures d'intérêt public concernant la destruction des animaux nuisibles ; c'est celui de la surveillance : rôle honorable qui met dans sa main la sauvegarde des droits des tiers, mais qui place souvent les agents forestiers en face des passions des veneurs et les charge d'opposer le devoir au plaisir et le droit au caprice.

Ne croyez pas que j'exagère les difficultés de cette surveillance. De toutes nos lois d'intérêt spécial, la loi sur la police de la chasse est celle qui a fourni le plus grand nombre de recours à la juridiction supérieure des cours d'appel et de la cour suprême. MM. les lieutenants de louveterie ont même apporté à leur service particulier un zèle si souvent empreint de passion cynégétique qu'ils ont figuré dans une quinzaine de procès recueillis par les arrêtistes. (*Voir l'appendice.*)

Il faut leur en savoir gré, car leur ardeur a certainement contribué à éclairer et à fixer le sens de la législation. Une de ces affaires, celle du lieutenant Schmidt, a même été conduite avec tant d'entraînement qu'elle a donné lieu à six décisions judiciaires : une d'un tribunal correctionnel, trois de cours d'appel et deux de la cour de cassation.

Ne croyez pas, non plus, que le service de la louve-

terie soit uniquement une affaire de plaisir, devant
intéresser à un modeste degré un agent supérieur de
l'administration des forêts. Les lieutenances ont été
instituées pour mettre le plaisir de la chasse au service des intérêts agricoles les plus respectables. Cette
institution, trop souvent décriée, a rendu et rend, tous
les ans, des services qui s'élèvent à plusieurs milliers
de loups tués par année [1].

2. Historique. — L'institution de la louveterie serait
mal comprise par vous, si je n'essayais de vous indiquer, dans son ensemble, l'histoire de cette partie de
notre vie administrative. Je dis : dans son ensemble,
parce que chacune des mesures dirigées contre les
animaux nuisibles aura son histoire spéciale, quand
je vous expliquerai sa législation particulière.

Vous savez que de nombreux documents historiques tendent à prouver aujourd'hui que, sous l'ancienne monarchie française, le droit de chasse était un
droit purement domanial et régalien dont le chef de
l'État disposait à son gré en faveur des gentils-
hommes, rarement et exceptionnellement en faveur
des roturiers [2]. Sans vouloir attribuer à la féodalité
le désir d'enlever aux habitants des campagnes le
prétexte même de la chasse, il est permis de supposer
que la poursuite des animaux les plus nuisibles a été
l'objet des prédilections les plus vives de la part des
descendants de la race conquérante. Nos premiers
rois eurent donc à favoriser à la fois les goûts des

seigneurs et les intérêts de l'agriculture en instituant des louvetiers pour chasser le loup, des sergents louvetiers pour lui tendre des piéges et un système de primes pour exciter leur zèle.

3. — Ainsi se trouvent expliquées l'ancienneté de la louveterie qui remonte à l'an 813, au règne de Charlemagne [3], et sa persistance à travers les luttes de la monarchie française. A cette époque, l'intérêt des populations était d'un faible poids dans la balance de ceux qui se disputaient le pouvoir, et cet intérêt aurait pu se manifester, en tout cas, par des moyens plus efficaces que celui de la louveterie.

Les *luparii* institués par Charlemagne, au nombre de deux dans chaque vicairie, subdivision des comtés, eurent le sort de la savante administration que ce grand homme avait eu la témérité de rêver pour la rude société qu'il gouvernait : la louveterie disparut et, jusqu'au XIIIᵉ siècle, on ne trouve plus que de rares indications de primes payées par le trésor royal et quelques noms de louvetiers, recueillis, en des lambeaux historiques, par M. Lavallée, dans son livre sur la chasse à courre en France. Au XIVᵉ siècle, il y avait des louvetiers [4] et des loutriers, spécialistes à l'égard desquels nous manquons de détails [5].

Les louvetiers abusèrent ; se firent loger ; héberger par les populations ; furent révoqués en masse en 1395 par Charles VI ; furent reconstitués en 1404 ; obtinrent alors le droit de lever deux deniers parisis par loup sur chaque ménage, dans le rayon de deux lieues de l'endroit où la bête avait été prise ; reçurent au XVe siècle un grand louvetier pour chef ; suscitèrent de nombreuses plaintes de la part des populations ; eurent avec les maîtrises des eaux et forêts des démêlés non moins nombreux, disparurent en 1787 ; reparurent en 1805, sous le nom de capitaines et de lieutenants de louveterie, sous les ordres du grand veneur de l'Empire ; furent réduits en 1814 au titre de lieutenants et reçurent enfin en 1830, sous les ordres de l'administration des forêts remplissant les fonctions de grand veneur, l'organisation qu'ils ont encore aujourd'hui.

Telle est, à grands traits, l'histoire de la louveterie proprement dite (nos 39 et 40).

4. — L'institution des louvetiers se complétait par celle des sergents louvetiers [6], officiers inférieurs, commissionnés par le grand louvetier et ayant pour fonction spéciale de tendre des piéges aux loups, opération difficile qui demandait, alors comme aujourd'hui, une grande expérience et un savoir consommé. Il n'est pas facile d'assigner une date certaine à leur institution. Comme ils remplissaient assez mal leurs fonctions, Henry IV les plaça en mai 1597 sous la direction et la surveillance des maîtres des forêts. A la Révolution, les sergents louvetiers disparurent comme tous ceux qui avaient leurs charges en office vénal, et ne furent pas remplacés dans la nouvelle organisation administrative.

5. — Dans les campagnes, les populations souffraient ;

les varennes des seigneurs couvraient les campagnes
et les infestaient de gibier; la destruction des animaux
nuisibles était monopolisée, interdite comme celle du
gibier ; on était loin encore du moment où le droit de
chasse devait devenir un attribut de la propriété. Les
plaintes furent parfois vives comme aux États généraux
de 1413, et il fallut chercher d'autres moyens de destruction pour les animaux nuisibles.

Henri III trouva dans les officiers des maîtrises des
suppléants pour compléter le service souvent capricieux des louvetiers. Par l'ordonnance de janvier 1583,
il enjoignit aux grands maîtres et à leurs lieutenants,
aux maîtres particuliers et aux autres officiers des
forêts de faire procéder à des battues et chasses aux
loups et autres animaux nuisibles, trois fois l'an, au
temps le plus propre pour les détruire, et de faire assembler pour ces chasses un homme par feu dans
chaque paroisse de leur circonscription. Nous verrons
ce qui reste encore maintenant de cette ordonnance
de 1583 [7].

6. — Henri IV, auquel les souvenirs populaires ont
conservé encore une certaine reconnaissance du bien
qu'il fit aux classes agricoles, ordonna des chasses
seigneuriales par un édit général de janvier 1600, reproduit l'année suivante dans l'ordonnance de juin
1601. Les seigneurs hauts justiciers et les seigneurs
de fiefs devaient faire assembler les habitants de leurs
seigneuries de trois mois en trois mois, et plus s'il
était nécessaire, pour faire avec eux des huées ou

battues aux loups, renards, blaireaux, loutres et autres
animaux nuisibles. Cette ordonnance n'est point abrogée, et nous verrons qu'il en reste quelque chose encore aujourd'hui.

7. — Voilà donc quatre institutions, quatre mesures
officielles dirigées contre les animaux nuisibles : les
chasses des louvetiers et loutriers ; les piéges des sergents louvetiers ; les battues des maîtrises ; les chasses
et les battues seigneuriales. Nous devons dire à l'honneur des maîtrises que toujours elles s'efforcèrent de
protéger les populations en faisant tenir à chacun la
ligne du devoir. Leur rôle était d'autant plus difficile ·
que les louvetiers n'étaient tenus qu'à faire enregistrer
leurs commissions à la table de marbre de Paris et d'y
prêter serment ; ils obéissaient plutôt à leurs caprices
et à leur passion de la chasse qu'à une hiérarchie administrative, telle que nous la concevons aujourd'hui. Il
ne s'agissait point alors de faire respecter le droit de
chasse des tiers, — la loi n'avait point encore créé ce
droit, — mais bien de prendre la défense des populations contre les exigences des louvetiers et de faire
respecter les règlements. On vit des villes tenir à honneur d'être affranchies des battues aux loups, des ré-
gions entières recevoir cette dispense comme un privilége [1]. Les maîtrises eurent souvent d'étranges
abus à signaler, comme celui du lieutenant de l'élection
de Langres qui voulait se faire payer la redevance de
deux deniers parisis à chaque déplacement, avant
même que l'on sût si l'on prendrait quelque bête [2].

Les noms de Duvaucel, grand-maître de Paris, de Pecquet, grand-maître de Normandie, doivent vous être
signalés, non comme des hommes désireux de pouvoir
et empiétant sur les droits des louvetiers, mais comme
d'énergiques défenseurs des populations [10]. Aussi les
conflits eurent souvent une extrême vivacité; ils du-
raient encore dans les dernières années de la monarchie, lorsque Louis XVI, voulant y mettre fin et donner
satisfaction aux seigneurs louvetiers, fit rendre l'arrêt
du conseil du 15 janvier 1785 qui délimita les attributions des parties en présence, louvetiers, intendants et
maîtres des forêts [11]. Ce règlement eut à peine quelques années d'existence, car l'année 1789 vit supprimer tous les offices et priviléges de chasse.

Avant la Révolution, il n'y avait donc, pour assurer
la destruction des animaux nuisibles, que ces quatre
institutions officielles. Il ne pouvait être question
alors d'initiative individuelle : le droit de chasse
n'appartenait légalement qu'au roi et n'était exercé
que par ceux dont la naissance, l'emploi, ou la nature
des propriétés formaient le titre d'une permission ancienne ou récente du chef de l'État. Les populations
n'avaient pas le droit de détruire les animaux nuisibles qui portaient dommage à leurs propriétés; cette
destruction était monopolisée, et jusque dans l'arrêt
du conseil de 1785, on voit qu'il est fait défense à
toutes personnes, de quelque état et condition qu'elles
soient, de chasser aux loups, louves, blaireaux et autres bêtes nuisibles. Les habitants n'avaient pas même

pour leurs récoltes le droit naturel de légitime défense. (*Voir note A.*)

8. — La Révolution a fondé un droit nouveau et une organisation administrative nouvelle;

Un droit nouveau en faisant du droit de chasse un attribut réel de la propriété;

Une organisation administrative nouvelle, en combinant le principe de l'autorité publique avec les résultats de l'initiative individuelle.

Pour mettre de l'ordre dans l'étude de cette partie de notre législation relative à la destruction des animaux nuisibles, nous devons donc passer en revue les moyens laissés aux particuliers et les moyens mis aux mains de l'administration, les mesures privées et les mesures officielles.

9. **Mesures privées.** — Le droit de chasse que le décret du 4 août 1789 donnait à tous les propriétaires dut ensuite s'exercer sous les conditions de police et d'intérêt agricole, tracées par la loi du 30 avril 1790, remplacée aujourd'hui par la loi du 3 mai 1844. À côté de ce droit de chasse, mais entièrement séparé et distinct, se trouve le droit naturel de destruction des animaux nuisibles que le législateur dut reconnaître à tous ceux qui ont à protéger leurs personnes ou leurs propriétés. Tous, en effet, n'ont pas le droit de chasse, ou, l'ayant, ne peuvent temporairement l'exercer à cause des restrictions imposées pour la conservation du gibier.

Trois mesures ont été prises dans cet ordre d'idées : la première en 1790, la seconde en l'an III, la troisième en 1844.

C'est ainsi que la loi offre à tout citoyen français qui se plaint des animaux nuisibles :

1° S'il est propriétaire ou fermier, *le droit de destruction des bêtes fauves,* droit formel, fondé sur le principe de la légitime défense appliqué à la propriété, qui consiste dans la faculté de repousser et de détruire en tout temps, par tous moyens, tous les animaux sauvages, *mais seulement quand il y a dommage causé par eux.* Ce droit, que les populations agricoles avaient tant réclamé sous l'ancienne monarchie, sans jamais l'obtenir d'une manière complète, qu'elles réclamaient même encore dans les cahiers de pouvoirs remis en 1789 aux députés du tiers-état, fut soigneusement distingué du droit de chasse et formulé dans l'article 15 de la loi du 30 avril 1790. (*Voir note A.*)

2° *Le droit de tuer le loup* partout où il le rencontrera, en tous lieux, sur toute terre, quand bien même il n'en serait ni propriétaire ni locataire. Ce droit, qu'aucun texte ne consacre explicitement, tant il est naturel, est une conséquence directe, immédiate de la loi du 11 ventôse an III, qui avait mis à prix la tête des loups et qui est remplacée aujourd'hui par la loi du 10 messidor an V. (*Voir note B.*)

3° Enfin, s'il est propriétaire, possesseur ou fermier, *le droit de destruction des animaux malfaisants,* droit éventuel (en ce sens qu'il dépend du préfet de le faire naître) qui consiste dans la faculté de détruire sur ses terres, en tous temps et *même en l'absence de tout dommage*, les animaux déclarés malfaisants ou nuisibles par le préfet, mais par les seuls modes et moyens autorisés par lui. Ce droit est une innovation heureuse due à la loi du 3 mai 1844; il y a en effet des animaux plus ou moins nuisibles, selon les localités, et dont la destruction pouvait, sans danger pour la conservation du gibier, être confiée par l'administration aux propriétaires ou fermiers. (*Voir note C.*)

10. Mesures administratives. — Ces trois droits vous sont connus; ils vous ont été expliqués dans les leçons précédentes. Nous n'avons actuellement à nous occuper que des mesures administratives dirigées contre les animaux les plus dangereux par leur nombre ou leurs habitudes.

Ces mesures d'administration générale sont au nombre de quatre : les deux premières sont dirigées principalement contre le loup, les deux autres contre tous les animaux dangereux.

1° Un système de primes et d'encouragements pour la destruction des loups. Ce système, inauguré dès l'an III par la Convention comme le mode le plus efficace, a été réglementé par la loi du 10 messidor an V. Il a perdu, par l'abaissement du tarif des primes, une notable partie de son efficacité.

2° L'institution des lieutenants de louveterie, char—

gés sous les ordres de l'administration des forêts de faire des chasses aux loups et de tendre des piéges pour les loups et les animaux nuisibles, dans tous les lieux où cela est nécessaire. Le service trop souvent critiqué des lieutenants a sa grande utilité. Il a été réorganisé en 1805, conservé en 1830 et placé, à cette époque, dans les attributions administratives du Directeur général des forêts. Celui-ci n'a plus, comme au temps des grands-maîtres, à protéger les populations contre les exigences des anciens louvetiers. — Les lieutenants sont tous du meilleur monde. — Sa mission est aujourd'hui de faire respecter les droits des tiers. Nous verrons que, dans la pratique de la chasse, et devant les difficultés d'une législation trop peu connue, cette mission est encore grande et utile.

3° Les battues générales et particulières, dirigées contre les animaux nuisibles sous la surveillance des agents forestiers agissant, en cette qualité, comme organes de l'administration générale. Ces battues qui sont un des moyens les plus efficaces mis à la disposition de l'administration sont réglementées par l'arrêté du Directoire du 19 pluviôse an v. Elles peuvent se faire partout et en tout temps, à la condition d'observer les formalités protectrices des droits des tiers et notamment du droit de chasse qui a pris dans certaines localités une valeur considérable.

4° Les permissions de chasse, données par les préfets à des particuliers ayant équipage dans le but de se livrer à la chasse des animaux nuisibles. Ces per-

missions qui confèrent le droit de chasser momentanément, et sous la surveillance de l'administration des
forêts, ont été instituées par l'arrêté du 19 pluviôse
an v, à l'époque où le Directoire voulut utiliser les
goûts cynégétiques qui commençaient à renaître avec
le calme politique.

11. Définition générale. — Telles sont les quatre
mesures d'administration qui sont dirigées contre
les animaux les plus nuisibles : elles forment, dans
leur ensemble, la louveterie considérée *lato sensu*. En-
visagée à ce point de vue général, la louveterie sera
donc *un ensemble de mesures administratives dirigées
contre des animaux sauvages à l'égard desquels il y a
une présomption légale de danger pour les intérêts généraux des populations.*

Avant d'en aborder l'étude, je dois vous rappeler
que ces moyens officiels et administratifs, s'exercent
concurremment avec ceux mis aux mains des particuliers sur leurs terres, mais qu'ils en sont entièrement
distincts. Ils sont destinés à procurer la destruction
des animaux dangereux, comme moyen extrême, à
défaut de résultats obtenus par la vigilance de chacun,
et afin de défendre le public contre l'insouciance ou
l'égoïsme de ceux dont les terres recèlent des animaux
nuisibles.

Je ne saurais trop vous faire remarquer, non plus,
que trois mesures administratives ne sont pas autre chose qu'une réelle expropriation du droit des

tiers, expropriation motivée par l'intérêt général, mais d'autant plus lourde à supporter qu'elle s'adresse à un droit cher à beaucoup de grands propriétaires.

L'importance de ces deux principes ne saurait vous échapper. L'application du premier est surtout dévolue à l'administration départementale, vous aurez cependant à observer quelquefois le premier, beaucoup le second. C'est même presqu'uniquement au regard de cette dernière considération, c'est-à-dire, au point de vue de l'exercice de la louveterie dans les bois des particuliers, ou dans les chasses louées, que je me placerai pour vous expliquer cette partie de la législation forestière. Je suis convaincu, en effet, que la meilleure manière d'étudier un droit conféré à un service administratif est de le placer toujours, non en vue de ses résultats et de ses effets, mais en face du droit des tiers. Il n'y a de véritable administration que celle qui gère les intérêts publics en respectant les droits du public.

II

LÉGISLATION DE LA LOUVETERIE

12. Sources. — Les textes ayant autorité législative en ce qui concerne la louveterie (*lato sensu*) doivent vous être signalés dans leur ensemble :

Ce sont les suivants (*Voir l'appendice* :

Janvier 1853, art. 19 de l'édit de Henry III sur les eaux et forêts.

18 janvier 1600 et juin 1601, édits généraux de Henry IV sur le fait des chasses, la louveterie, etc.

26 février 1697 et 14 janvier 1698, arrêts du Conseil relatifs aux battues.

28 vendémiaire an V (19 octobre 1796), arrêté du Directoire exécutif sur les délits de chasse dans les forêts domaniales.

19 pluviôse an V (7 février 1797), arrêté du Directoire exécutif concernant la chasse des animaux nuisibles.

10 messidor an X (28 juin 1797), loi relative à la destruction des loups.

19 ventôse an X (10 mars 1802), loi sur les forêts communales.

15 août 1814, ordonnance royale sur les attributions du grand veneur.

20 août 1814, ordonnance royale, règlement portant organisation de la louveterie, insérée au bulletin des lois le 18 août 1832, sous le n° 4327.

14 septembre 1830, ordonnance sur la surveillance de la chasse et de la louveterie.

21 avril 1832, art. 5, loi de finances ordonnant la mise en ferme des chasses dans les forêts de l'État.

24 juillet — 18 août 1832, ordonnance relative à la mise en location du droit de chasse dans les forêts de l'État, à partir du 1er septembre 1832.

21 décembre 1844 — 20 janvier 1845, ordonnance

concernant la nomination des lieutenants de louveterie.

20 juin — 12 juillet 1845, ordonnance relative à la chasse du sanglier dans les forêts de l'Etat.

25 mars 1852, art. 5, décret-loi sur la décentralisation administrative.

3 mai 1852, arrêté du ministre des finances pour l'exécution du décret précédent.

13 avril 1861, décret sur les attributions des sous-préfets.

En 1870, le gouvernement avait présenté au Corps législatif, dans le projet de Code rural, quelques modifications de détail à la législation concernant les animaux nuisibles, quand les événements dont le pays a été victime sont venus retarder pour longtemps l'examen de ce grand travail.

13. Autorité de ces textes. — En examinant ces documents, vous remarquez qu'un petit nombre seulement émanent du pouvoir législatif. Les deux principaux, l'arrêté du 19 pluviôse an v, concernant la destruction des animaux nuisibles, et l'ordonnance du 20 août 1814, portant organisation de la louveterie, sont rendus par le pouvoir exécutif seul. La question de savoir quel est leur degré d'autorité a dû nécessairement se poser. La légalité de l'arrêté du 19 pluviôse an v n'a jamais été contestée ; il a toujours été admis que dans les matières qui sont en quelque sorte de haute administration et analogues à celles des déclarations sous l'ancienne monarchie, le pouvoir exécutif a pu valablement prendre des arrêtés ayant l'autorité de la loi dans les temps du droit intermédiaire, alors que les bases de notre droit public n'étaient pas encore nettement établies. Les tribunaux ont toujours invoqué cet arrêté de l'an v et l'ont appliqué sans hésitation [12]. Il n'en est pas de même de l'ordonnance du 20 août 1814 qui, par un singulier oubli, n'a même été insérée au Bulletin des lois qu'en 1832. Pendant longtemps, la cour de cassation a même refusé de l'appliquer et a fondé ses décisions uniquement sur l'arrêté du 19 pluviôse an v dans les contestations concernant les lieutenants de louveterie [13]. Cependant la lecture de l'article 6 de la loi du 10 messidor an v, aurait dû faire remarquer que le législateur, en autorisant le pouvoir exécutif à former des établissements pour la destruction des loups, lui donnait une délégation suffisante pour conférer l'autorité de la loi aux décisions prises dans cet ordre d'idées. Aussi, en 1861, dans l'affaire du lieutenant Duplessis, la cour suprême est revenue de sa précédente manière de voir et a même appelé en 1864, l'ordonnance du 20 août 1814, le code de la matière [14].

Cette considération doit s'appliquer également à tous les actes du gouvernement qui ont complété ou modifié la législation sur la louveterie, à l'ordonnance du 14 septembre 1830 comme à celles qui l'ont suivie en 1832, en 1844 et en 1845. Tous ces actes ont en général l'autorité de la loi [15].

14. Lois de l'ancienne monarchie. — Un autre caractère de cette législation doit vous être signalé :

Vous retrouvez ici, comme déjà vous l'avez vu relativement aux forêts, au régime des eaux et à la voirie, des lois de l'ancienne monarchie encore applicables aujourd'hui. Ce n'est point là ce qui doit vous étonner, car vous savez que, chez nous, l'ancienneté et la désuétude d'une loi ne sont une cause d'abrogation que quand notre ordre politique et social est en formel désaccord avec les dispositions qu'elle contient. Le nombre des ordonnances, édits, déclarations, lettres patentes, arrêts du conseil rendus sur ces chasses spéciales est assez considérable ; et vous devez vous demander quels sont ceux des documents qui sont abrogés et ceux qu'il est encore possible d'invoquer aujourd'hui. Je crois que l'on doit tenir pour constant que parmi le grand nombre des actes législatifs de l'ancienne monarchie, on ne peut plus appliquer aujourd'hui que ceux qui sont spécialement rappelés dans les considérants de l'arrêté de pluviôse an v, c'est-à-dire, trois, datant de 1583, de 1600 et 1601, de 1697 et 1698. Tous les autres n'ont plus qu'un intérêt historique. En l'an v, on était encore trop près de la Révolution pour n'avoir pas en très-grande susceptibilité tous les textes pouvant faire revivre, même d'une manière indirecte, l'ordre de choses qui venait d'être détruit. Le Directoire exécutif a dû soigneusement les examiner et le choix qu'il a fait indique suffisamment qu'il entendait ne faire revivre que

ceux-là seuls qu'il prenait soin de rappeler et non
les autres. Cette considération a une très-grande importance, car elle entraîne l'abrogation implicite de
l'arrêt du conseil du 15 janvier 1785 qui, dans ces
derniers temps, a été invoqué en faveur des lieutenants
de louveterie. Cet arrêt qui mettait fin aux conflits
survenus entre les lieutenants de louveterie et les
maîtrises des forêts était certainement connu des rédacteurs de l'arrêté de l'an v, tant par le bruit qu'il
avait fait que par l'analogie des matières à réglementer. Or cet arrêt vise les lois de 1583, 1587, 1600 et
1601, 1602, 1607, 1669, 1671, 1677, 1681, 1697 et
1698, 1773. En choisissant parmi ces documents ceux
que l'on voulait rendre encore applicables et en ne
rappelant pas l'arrêt même de 1785, les Directeurs
de l'an v ont certainement abrogé tous les actes qu'ils
n'ont pas indiqués, comme cet arrêt du conseil lui-
même [16].

15. **Loi du 3 mai 1844.** — Une autre particularité de
cette législation, c'est que la liste des textes que je viens
de placer sous vos yeux ne contient point l'indication de
la loi du 3 mai 1844 sur la police de la chasse. Cette
loi est, en effet, entièrement étrangère à la destruction
des animaux dangereux; elle est tout à fait inapplicable aux matières que nous examinons maintenant.
Il ne pouvait en être autrement, car du moment où il
s'agissait des dispositions à prendre contre certains
animaux, à l'encontre même des droits de chasse des

particuliers, cette loi, relative aux conditions imposées à l'exercice du droit de chasse dans l'intérêt de la sécurité publique et de la conservation du gibier, devait rester complétement étrangère aux mesures confiées à l'administration dans un but tout différent. Le droit de chasse et les droits de destruction des animaux malfaisants et des bêtes fauves sont des droits entièrement distincts et séparés. A plus forte raison doit-il en être de même des droits conférés à l'administration dans l'intérêt du public et des mesures qu'elle peut prendre en vertu de ces droits. C'est au surplus ce qui a été formellement déclaré à la Chambre des Pairs, en 1843, dans le rapport fait par M. Franck-Carré à l'occasion de l'article 31. On y lit qu'il n'est rien innové à la législation concernant la louveterie, qui doit continuer à subsister [17].

16. **Sens des mots : « animal nuisible »**. — Le législateur n'a pas été heureux dans l'emploi des termes dont il s'est servi : on trouve dans la loi sur la chasse les mots « animaux nuisibles » en concours avec « animaux malfaisants » ; dans les lois de la louveterie « animaux voraces » concurremment avec « animaux nuisibles ». Le but différant, il faut dissiper toute confusion et préciser à quels animaux s'applique la législation sur la louveterie.

Il y a d'abord certains animaux à l'égard desquels aucun doute ne peut s'élever, parce que la loi les désigne nominativement :

Le loup et *le renard* indiqués dans les principaux textes (arrêté du 19 pluviôse an V et ordonnance du 20 août 1814);

Le blaireau mentionné dans l'arrêté du 19 pluviôse an V;

La loutre, vorace ravageur des eaux, désignée dans les ordonnances de 1600 et 1601, qui n'ont plus aujourd'hui que cette seule application [18].

Mais tous les textes de la législation font suivre cette énumération des mots « animaux nuisibles » et la difficulté est de savoir ce que l'on doit légalement entendre par eux. Cette difficulté est d'autant plus sensible pour les agents forestiers appelés à surveiller les chasses officielles que les préfets emploient le plus souvent dans leurs arrêtés les expressions même dont la loi se sert, sans chercher à en préciser le sens.

Suivant certains auteurs et suivant une circulaire du ministre de l'intérieur de 1851, les animaux nuisibles sont ceux qui ont été désignés et classés comme tels par le préfet, sur l'avis du conseil général, en exécution de l'article 9 de la loi du 3 mai 1844.

Malgré ma déférence pour ces autorités, je ne puis me ranger à cette manière de voir.

La situation n'est pas la même : quand il s'agit d'autoriser les propriétaires à détruire *sur leurs terres* les animaux nuisibles, les préfets peuvent être larges dans l'énumération des animaux dont ils autorisent la destruction. Ils n'ont, en effet, qu'à se préoccuper de la protection générale du gibier, à empêcher que les mesures permises au propriétaire dans l'intérêt de ses récoltes ne soient une occasion de détruire le gibier. L'intérêt du propriétaire empêchera souvent qu'il y ait abus de ce côté. Mais quant il s'agit d'autoriser la chasse *sur les terres d'autrui*, quand il faut exproprier, au nom de l'utilité générale, des droits de chasse qui ont souvent une notable valeur, les animaux ne sont réellement nuisibles que lorsqu'ils sont dangereux au point de vue des intérêts généraux de l'agriculture et de la sécurité des personnes.

A un autre égard, il me paraît singulier d'interpréter l'objet même d'une législation toute spéciale par une loi rendue, longtemps après, dans un but tout différent. Avant la loi de 1844, il n'y aurait donc point eu d'animaux nuisibles, puisque les préfets n'étaient pas appelés à les déterminer !

Voyez les résultats :

Supposez qu'une battue soit autorisée contre les renards et que ne trouvant aucun animal de ce genre à tuer dans les enceintes, les tireurs se mettent à détruire tous les lapins qui sautent devant eux. Seraient-ils excusables parce que le préfet aurait compris le lapin dans la liste des animaux que le propriétaire peut détruire sur ses terres, à l'aide de bourses et de furets? Et si le préfet avait oublié dans son arrêté un animal dangereux, l'ours, par exemple, les chasseurs qui, au mois d'octobre 1871, ont tué dans une battue de l'inspection de Die une ourse et deux oursons devraient-ils être punis pour délit de chasse [19]? Et si encore, le préfet ne prenait aucun arrêté en vertu de l'article 9, ou rapportait l'ancien sans le remplacer, n'y aurait-il point d'animaux nuisibles en France? Peut-il lui appartenir de mettre à néant, d'un trait de plume, toute une législation?

On a prétendu aussi que la désignation de l'animal devait être faite par le préfet et que l'arrêté une fois rendu était obligatoire pour le tribunal. Nulle part la loi ne donne ce droit au préfet. N'est-il pas de la dernière évidence que si elle le lui avait donné, elle aurait mis entièrement dans les mains de l'administration le droit de chasse des propriétaires? Il n'y a même pas la ressource d'invoquer l'article 9 de la loi de 1844; car, en supposant une assimilation qui n'existe que dans les mots et non dans les idées, le préfet ne peut faire qu'une désignation réglementaire, égale pour tous. Il doit prendre l'avis du conseil général, formalité que ne comporte pas le mode d'exécution des mesures de louveterie.

La seule solution est celle qui consiste à dire que la nocuité d'un animal est un fait que les tribunaux apprécieront. Interprètes de la loi, ils jugeront souverainement si, à raison des circonstances, le degré de nocuité d'un animal est suffisant pour justifier l'emploi de mesures officielles dans les chasses des propriétaires. Ils ne seront liés ni par l'arrêté permanent, pris en vertu de l'article 9 de la loi de 1844, ni par un arrêté spécial que prendrait le préfet pour désigner un animal aux chasseurs officiels [20].

Sans aucun doute cette solution peut mettre dans un certain embarras ceux qui prennent part aux mesures ordonnées par l'autorité contre les animaux nuisibles et les agents forestiers qui les surveillent, pour la sauvegarde du droit des tiers. Il y a lacune dans la loi, qui aurait fort bien pu faire une énonciation limitative des animaux dangereux [21]. — Ils ne sont pas si nombreux en France et sont très-bien connus. — Mais cette situation n'est pas sans exemple. On sait, en effet, qu'en vertu de l'article 9 de la loi sur la chasse, le préfet peut prendre des mesures pour la chasse du gibier d'eau et des oiseaux de passage, mais son pouvoir ne va pas jusqu'à déterminer l'espèce de ces oiseaux, et il appartient aux tribunaux de décider si, en fait, tel oiseau est aquatique, migrateur ou sédentaire, et si, par conséquent, les modes exceptionnels autorisés lui sont applicables [22]. La détermination d'un animal nuisible sera de même laissée au pouvoir d'appréciation des tribunaux et cela, dans chaque cas où les propriétaires croiront devoir leur soumettre la question, sans que la décision d'un tribunal lie en aucune façon les autres.

17. — Les agents forestiers auront donc une tâche délicate à remplir. Ils s'inspireront des circonstances locales, des habitudes de la jurisprudence; ils demanderont au préfet un arrêté formel, explicite, qui, sans lier le tribunal, aura cependant une certaine influence sur lui. Dans le doute, ils donneront la prééminence au respect du droit des tiers [23].

La jurisprudence s'est déjà prononcée dans une circonstance qui se reproduit d'une manière assez fréquente. Le sanglier n'est pas de sa nature un animal nuisible [24]; car les lieutenants de louveterie, qui sont autorisés à le chasser, par l'ordonnance de 1814, dans les forêts de l'État, ne sont même autorisés à le détruire que quand il fait tête aux chiens. Cependant les tribunaux ont souvent décidé qu'il peut devenir nuisible et justifier ainsi les mesures administratives prises contre lui, quand, par sa multiplication, il cause des ravages sérieux dans le pays. Dans ces espèces, il y avait bien un arrêté du préfet autorisant les battues, mais la légalité de cet arrêté n'était pas contestée; la question elle-même serait tombée devant l'appréciation, faite par le juge, de la nocuité de l'animal [25].

Je ne connais pas de documents de jurisprudence moderne concernant d'autres animaux [26]. Cela prouve que les préfets, les lieutenants et les agents forestiers n'ont jamais abusé des mesures mises à leur disposition.

18. Caractère des mesures officielles. — Parmi les mesures autorisées contre les animaux nuisibles les trois plus importantes, les chasses des lieutenants, les battues générales et les chasses des permissionnaires ont un caractère commun sur lequel il est nécessaire d'appeler votre attention. Dans l'exécution de ces mesures, l'administration publique ou ses mandataires se substituent au droit des propriétaires de la chasse et opèrent, dans l'intérêt de tous, ce que la négligence et souvent même le désir de ménager un plaisir ne leur ont pas fait exécuter eux-mêmes. Leur droit de chasse se trouve ainsi momentanément exproprié. Cette considération est très-importante, parce qu'il ne s'agit pas seulement d'un plaisir dont ils sont dessaisis pour un temps, mais bien d'un droit de propriété qui a acquis de nos jours une notable valeur. Cette expropriation a cela de remarquable :

1° Qu'elle se fait suivant des formes très-expéditives : une commission délivrée à un chasseur, un simple arrêté préfectoral qui n'est ni publié ni affiché; — la loi ne demande rien de plus [22].

2° Qu'elle ne donne lieu à aucune indemnité, attendu que le propriétaire profite indirectement des avantages généraux qu'on en attend [28].

Les propriétaires ne pourraient se refuser à l'exécution des chasses officielles [29] ni s'en affranchir, en offrant de payer tous les dommages causés ou en demandant de procéder eux-mêmes à la destruction des animaux dont la localité se plaint. Le droit des riverains à obtenir des dommages-intérêts reste entier; les mesures administratives ne sont ordonnées contre ces animaux qu'à raison de l'intérêt général et non en vue des droits ou des intérêts d'une catégorie d'habitants. L'administration est libre dans son action et nul n'a le droit de suspendre l'exécution d'ordres légalement donnés.

La seule garantie que cette législation offre aux propriétaires dépossédés réside dans la surveillance de l'administration forestière. Nous aurons à revenir sur ce point; je me borne à indiquer ici le double caractère de la mission qui est ainsi donnée aux forestiers :

1° D'abord et surtout, c'est la protection désintéressée du droit des tiers que la loi a en vue;

2° Ensuite, c'est l'intérêt général de la conservation du gibier que cette législation confie, dans ces circonstances, aux agents forestiers.

Il en résulte que si des propriétaires, s'unissant à un lieutenant de louveterie ou aux chasseurs chargés d'une battue, demandaient à être dispensés de la surveillance forestière sur les terrains où ils ont droit de chasse, cette surveillance devrait se retirer en temps où la chasse est permise, mais subsister en temps de fermeture ou de défense.

19. Contraventions aux lois sur la louveterie. — Je dois vous faire, aussi, une autre remarque sur le caractère de cette législation; c'est qu'aucun texte ne contient de disposition pénale pour le cas où les chasses officielles seraient mal exécutées, ni pour celui où les dispositions tutélaires des droits des tiers seraient omises ou enfreintes.

Il n'en était nul besoin :

Tout acte tendant à la capture d'un animal sauvage opéré sur le terrain d'autrui est une lésion du droit de chasse que possède ce propriétaire et dont il peut demander la réparation devant les tribunaux ordinaires. Si donc la mesure tendant à détruire des animaux nuisibles a été exécutée, sans avoir été au préalable autorisée par un acte de l'autorité administrative, par un arrêté du préfet par exemple, il y a délit de chasse sur le terrain d'autrui sans le consentement du propriétaire, délit qui peut se compliquer de l'inobservation des conditions imposées à l'exercice de la chasse; et tous ceux qui s'en sont rendus coupables, lieutenants, maires, agents forestiers, sont justiciables des tribunaux correctionnels.

Rien de plus simple, quand l'autorisation imposée par la loi n'a pas été délivrée.

Mais il peut arriver que l'administration ait manifesté son intention d'agir, par exemple, au moyen d'un arrêté prescrivant une battue, ou de la délivrance d'une permission de chasse faite à un particulier. Cet acte de l'administration peut omettre des formalités nécessaires, par exemple en dispensant le permissionnaire de la surveillance des agents forestiers, ou mal interpréter la loi, par exemple, en autorisant des battues permanentes. Les propriétaires sur le terrain desquels la mesure prescrite a été exécutée seront-ils sans recours, s'ils croient que le préfet a méconnu la loi et violé leur droit? Le silence de la loi les laisse-t-il absolument désarmés?

Nullement :

Ils ont même à leur disposition deux modes de

recours, l'un administratif et l'autre judiciaire. La législation spéciale dont nous nous occupons n'avait nul besoin de les indiquer, car ils résultent du droit commun.

20. — Ce recours administratif est celui qui vous est connu sous le nom de *recours pour excès de pouvoir* et dont il n'est pas inutile de vous rappeler les principes.

Vous savez que quand l'administration, en statuant sur les intérêts publics, ne fait que léser une convenance, un simple intérêt, il n'y a point de contestation possible; il n'y a d'ouverte que la simple voie de la pétition gracieuse. Mais si, au contraire, l'acte administratif lèse un droit acquis par un contrat ou par une disposition formelle de la loi, celui qui croit son droit lésé peut contester l'acte de l'autorité, le contredire et le combattre devant les tribunaux administratifs. Au point de vue du pouvoir de ces tribunaux, le contentieux administratif est de deux sortes : le contentieux administratif proprement dit et les recours pour excès de pouvoir. Dans les matières qui rentrent dans le contentieux proprement dit, la juridiction administrative apprécie le fond même des questions qui lui sont soumises et substitue sa décision à celle de l'administration ; par exemple elle fixe le chiffre d'un décompte de travaux publics, elle réduit la contribution imposée à un citoyen. Au contraire dans les recours pour excès de pouvoir que la jurisprudence du conseil d'État a fondés sur la loi des

7-14 octobre 1790 [30], la juridiction administrative ne peut plus substituer sa décision à celle de l'administration. Elle joue le rôle de cour de cassation en se bornant à vérifier si l'administrateur dont l'acte lui est déféré est resté dans la limite de ses pouvoirs et en annulant ou en confirmant cet acte.

La jurisprudence du conseil d'État a déterminé dans le sens le plus large et le plus libéral ce que l'on doit entendre par excès de pouvoir. Dans l'ordre judiciaire, quand la cour de cassation est appelée à casser pour excès de pouvoir les décisions des juges de paix, ce mot ne signifie que l'empiètement sur les fonctions de l'administration ou sur le rôle du légis‑lateur. L'incompétence qui consiste à empiéter sur les attributions du tribunal d'arrondissement, n'est pas un excès de pouvoir. Dans cet ordre judiciaire où les intérêts privés sont seuls en lutte, la loi multiplie les frais et les amendes à l'occasion des recours qu'elle semble ne pas voir avec faveur, tant que l'erreur du juge ne trouble pas d'une manière notable l'ordre de la société : *De minimis non curat prætor*. Devant la juridiction administrative, au contraire, ces recours sont faciles et presque provoqués ; les frais, souvent réduits aux droits de timbre; l'assistance d'un avocat au conseil facultative; les délais, allongés [31]. Tout cela, parce que la lutte n'est plus entre particuliers, mais entre un citoyen et l'administration représentant l'intérêt gé‑néral. Il n'y a plus de grands ni de petits intérêts; les griefs les plus minimes peuvent, en se répétant, causer

de vifs mécontements. C'est par ces considérations [52]
que la jurisprudence du conseil d'État a ouvert le
recours pour excès de pouvoir contre toute espèce
d'incompétence, c'est-à-dire d'empiètement sur les
attributions judiciaires ou législatives ou même d'une
autorité administrative supérieure [33] — contre l'inobservation des formalités imposées à l'exercice des actes,
même de pure administration, quand la loi a subordonné le pouvoir à la condition d'observer certaines
formes [34] — contre tout acte d'un administrateur qui,
usant d'un pouvoir qui lui a été donné et observant
les formes qui lui ont été imposées, se sert de ce
pouvoir dans un but différent de celui que le législateur avait en vue [35]. L'excès de pouvoir résulte donc
de toute incompétence, de la violation des formes
substantielles et de l'usage d'un pouvoir dans un but
différent de celui que le législateur se proposait.

Je ne crois pas qu'il ait jamais été fait usage de ce
mode de recours contre les mesures prises à l'occasion des animaux nuisibles. Mais, s'il arrivait par exemple qu'un préfet vînt à autoriser des battues d'une
manière permanente dans les bois d'un propriétaire,
ou à donner à un particulier l'autorisation de chasser
aux animaux nuisibles, sans la surveillance des agents
forestiers, ou qu'un sous-préfet vînt à ordonner des
battues ailleurs que dans les forêts des communes ou
des établissements de bienfaisance, ces autorités
useraient de la loi en dehors des limites qu'elle a
elle-même tracées ; elles dépasseraient les bornes de

leur pouvoir, et le litige présenterait un droit engagé, un droit considérable parce qu'il est un des accessoires de la propriété. Toutes ces conditions réunies me paraissent jusqu'à l'évidence rendre recevable le recours des propriétaires au ministre de l'intérieur au premier degré et au conseil d'Etat au second degré[31].

21. — S'il a peu été fait usage de ce mode de recours, cela tient à deux causes : d'une part, les décisions administratives étant exécutoires nonobstant appel, il pourrait n'y avoir plus aucun intérêt à faire annuler une décision ordonnant une mesure accomplie; d'autre part, c'est que les propriétaires temporairement expropriés ont dans les tribunaux correctionnels un mode de recours bien autrement expéditif et efficace, s'ils se croient lésés par l'acte administratif.

Cette faculté toutefois ne doit pas être dédaignée, car il y a des cas où le recours administratif est le seul possible; c'est celui où un préfet aurait permis des battues sans aucune utilité, ou bien aurait donné des permissions de chasse, dans un unique but de plaisir, à quelques personnes privilégiées. L'autorité administrative doit être libre quand elle agit dans la limite de ses pouvoirs et les tribunaux qui peuvent la contrôler, dans certains cas, quand elle sort de ces limites, ne sauraient avoir le droit d'examiner les questions relatives à l'opportunité des mesures prises ou à l'usage qu'elle fait de son pouvoir. Autrement l'administration serait sous la dépendance des corps

judiciaires. Nous allons établir que le pouvoir judiciaire est compétent, quand il s'agit d'apprécier *la
légalité* de l'acte administratif ; ce n'est pas anticiper
que de vous faire remarquer qu'il ne saurait plus
l'être quand il s'agit d'examiner l'opportunité, l'usage
ou le mode des mesures ordonnées, l'*exercice*, en un
mot, du pouvoir administratif, car il s'agit d'un tout autre ordre d'idées. Si donc par un exercice capricieux
du pouvoir, le préfet lésait le droit d'un propriétaire,
celui-ci n'aurait, en cas d'intérêt né et actuel [36], d'autre ressource que la voie de la pétition gracieuse s'il
s'agit de l'opportunité et du mode de chasse autorisé [37] et le recours pour excès de pouvoir, si le préfet
a fait de son autorité un usage différent de celui que
le législateur avait en vue [35], en supposant, bien entendu, que la mesure ordonnée ne soit critiquable
qu'à ces points de vue.

22. — Il est de règle que les tribunaux ne peuvent, en
général, critiquer un acte administratif, ni en examiner
la légalité; la critique et la réformation appartiennent à
l'autorité administrative supérieure [38]. Ce principe
fondé sur les règles de la séparation des pouvoirs reçoit cependant une considérable exception quand il
s'agit de l'exercice par l'autorité administrative des
actes réglementaires. Ces actes ne lient le juge répressif et ne l'obligent à prononcer des peines que
quand ils sont légalement faits, ce qui lui permet évidemment d'en examiner la légalité [39]. Cette situation
vous est connue et vous a souvent été signalée, no-

tamment en ce qui concerne les arrêtés pris par les préfets, relativement à l'exercice de la chasse [40].

Il est vrai qu'il ne s'agit pas ici d'un acte purement réglementaire, c'est-à-dire d'un acte complétant la loi et réglant, par délégation du législateur, des détails obligatoires pour tous ; mais il s'agit d'un acte administratif qui peut léser des droits et c'est parce que la lésion de ces droits est punie d'une peine, que les tribunaux peuvent en apprécier la légalité. Le préfet a reçu de la loi le pouvoir d'ordonner des battues spéciales dans les campagnes, d'autoriser des particuliers à chasser sur le terrain d'autrui, sous la surveillance des agents forestiers ; il vient à ordonner des battues permanentes, à dispenser les permissionnaires de la surveillance forestière, son arrêté étant illégal ne couvre pas ceux qui l'ont mis à exécution contre les poursuites du ministère public ou des parties lésées. Il ne les couvre pas plus que si ceux-ci avaient contrevenu aux clauses d'un arrêté parfaitement légal. C'est ce qu'a déjà décidé la cour de cassation dans une espèce où le préfet avait imposé à ceux qui devaient faire une battue un certain concert avec les autorités municipales. La cour, en décidant que ce concert n'était point prescrit par la loi d'une manière absolue et que le préfet ne pouvait pas imposer des obligations extra légales, n'a pas fait autre chose qu'apprécier la légalité de son arrêté [41].

23. — Il faut même aller plus loin :

Je suppose que tout soit régulier, c'est-à-dire que

l'arrêté du préfet soit légal au fond et légal dans la forme, je dis qu'il appartiendrait encore au tribunal correctionnel d'apprécier son exécution et par conséquent d'en interpréter le sens. Prenons, par exemple, un arrêté ordonnant une battue dans un bois particulier. Le propriétaire prétend qu'au lieu d'une battue, c'est une chasse à courre qui a été faite; le lieutenant soutient au contraire que les chiens n'ont fait qu'aider à retrouver la voie et que l'autorisation de la battue entraîne l'emploi des moyens auxiliaires les plus propres à assurer le résultat que l'on a en vue. Il y a là certainement une contestation sur l'exécution d'une mesure prescrite par l'autorité administrative; l'on pourrait objecter qu'il appartient à l'administration seule de connaître de l'exécution de ses ordres; cela est très-vrai, quand il s'agit de l'exécution d'actes de l'autorité relatifs à l'administration des simples intérêts, des actes d'administration proprement dits, ne contenant que des prescriptions individuelles. Mais il n'en est plus de même quand l'acte lèse des droits qui sont de la compétence des tribunaux répressifs ordinaires. Contester le mode d'exécution d'une mesure prescrite par l'autorité administrative, c'est évidemment chercher à interpréter le sens de la prescription; c'est, dans le cas particulier cité pour exemple, interpréter le sens du mot battue. Un acte en quelque sorte réglementaire, parce qu'une peine est la sanction du droit qu'il lèse, un acte qui établit dans les limites de sa compétence des dispositions obligatoires pour tous, doit être, comme la loi elle-même, dont il est le complément, interprété par les tribunaux [42]. Au surplus, si l'interprétation était défendue aux corps judiciaires, ceux-ci pourraient toujours invoquer l'illégalité et dire au lieutenant de louveterie dont je viens de vous parler : « A supposer que tel soit le sens de l'arrêté du préfet, le tribunal n'interprète pas la loi comme vous, le préfet ne peut imposer des obligations en dehors de la loi, vous serez condamné. » Le droit d'interpréter l'arrêté n'est donc qu'un corollaire du droit d'examiner sa légalité [43].

24. — Il faut indiquer toutefois une restriction importante au pouvoir du tribunal. Nous avons déjà vu que lorsque le débat porte sur l'opportunité de la mesure ordonnée, le choix du mode de chasse, le but poursuivi, le tribunal correctionnel est absolument incompétent pour connaître de la contestation, parce qu'elle porte sur l'exercice même du pouvoir administratif (n° 20). Il en sera de même, si l'appréciation de la légalité ou du sens de l'arrêté préfectoral porte sur la désignation des terrains soumis à une chasse officielle, ou sur la nomination d'un permissionnaire de chasse. Il s'agit là d'actes purement discrétionnaires de l'administration et, s'il y avait contestation sur le sens de l'arrêté relativement aux limites des terrains à explorer ou sur la désignation des personnes qui ont reçu mandat de chasse, le tribunal correctionnel devrait surseoir à statuer, jusqu'à ce que l'autorité administrative ait interprété le sens obscur [44]. Cela

arrivera bien rarement, et tout se réduit dans cette discussion à admettre la compétence du tribunal, chaque fois qu'il s'agit d'interpréter la loi, lorsqu'elle est mise à exécution, à la repousser, au contraire, lorsqu'il faut examiner l'usage qui est fait de la loi elle-même.

25. Conflit d'attributions. — Je viens de vous démontrer qu'en général les tribunaux sont compétents pour examiner la légalité de l'arrêté préfectoral et pour en interpréter le sens. Cela revient à dire que l'autorité administrative ne peut réclamer la solution de ces questions et ne peut ainsi paralyser l'action des corps judiciaires en élevant le conflit d'attributions.

Il n'est pas inutile d'examiner de nouveau la question au point de vue des principes qui régissent les conflits. Cette étude nous fournira une nouvelle démonstration ; en même temps, elle vous remettra en mémoire une des parties les plus délicates du droit administratif.

Le conflit est une mesure grave qui suspend l'action de la justice et peut aller jusqu'à la dessaisir complétement, selon la décision inattaquable que prendra le juge suprême du conflit.

Ce droit d'élever le conflit, dont il a été fait un si fâcheux usage sous le Directoire, a été sagement ramené, en 1828, à une convenable application du principe de la séparation des pouvoirs. Mais il n'y a point de loi, et il faut bien reconnaître que, malgré

les termes de l'ordonnance du 1er juin 1828, si un
préfet prend, à tort ou à raison, un arrêté de conflit,
le tribunal ne peut plus, sous les peines des articles
127 et 128 du Code pénal, passer outre au jugement.
C'est dans la sagesse du conseil d'Etat, souvent ins-
piré par les idées politiques du moment, c'est dans
sa plus libérale jurisprudence sur des affaires analogues qu'il faut chercher la probabilité du succès de
la revendication administrative.

A ces termes, en effet, doit être ramenée la question ; car il n'y a pas de précédents sur la louveterie
même, et nous ne pouvons savoir quelle solution la
nouvelle constitution de notre pays donnera à ce
difficile problème de l'étendue du pouvoir administratif.

Le principe, admis en 1828 après une longue et
savante discussion, est qu'il est bon de se fier aux
lumières et à la sagesse des tribunaux en leur laissant le soin de se dessaisir volontairement, et même
de faire sur ce point le sacrifice de quelques exigences peut-être légitimes [45]. Ce n'est donc que dans
des cas spéciaux, et dans les limites du strict nécessaire, que le conflit doit être accueilli. A ce titre
déjà, la faible importance de la louveterie et l'absence de tout document attribuant à l'administration
la connaissance des litiges, doit faire incliner vers
l'absolue liberté du pouvoir judiciaire.

Quand il s'agit des matières répressives, les principes sont plus restrictifs encore. Ainsi, il ne pourra

jamais être élevé de conflit au grand criminel [46], ni à
l'occasion des jugements de simple police [47] ; et cependant, il peut fort bien arriver qu'à l'occasion d'un
crime ou d'une contravention, l'existence même de
l'infraction soit subordonnée à la solution d'une
question que l'administration a seule le droit de
trancher [48]. Devant les tribunaux correctionnels
seuls, le conflit peut être admis, mais dans deux cas
uniques, pour l'interprétation desquels le droit sera
encore plus strict, plus étroit que dans les matières
civiles, puisqu'il s'agit d'un tribunal répressif et
d'une exception.

Le premier cas est celui où la répression du délit
est attribuée à l'administration par une disposition
législative, par exemple les infractions de roulage et
de voirie. Ce n'est pas le nôtre, puisque les délits de
chasse ont toujours été de la compétence des tribunaux correctionnels.

Le second naît *lorsque le jugement à rendre par le
tribunal correctionnel dépend d'une question préjudicielle dont la connaissance appartient à l'autorité administrative en vertu d'une disposition législative*, et
encore, dans ce cas, le conflit ne peut être élevé que
sur la question préjudicielle. (Ord. 1ᵉʳ juin 1828,
art. 2.)

Prenons des exemples : un prévenu peut prétendre
que le préfet avait qualité pour désigner l'animal
qu'il a chassé, — ce qui est poser la question sur
l'étendue du pouvoir administratif, — ou que l'ar-

rêté ordonnant une battue autorisait l'emploi de certains chiens., — ce qui est l'interprétation de l'acte
administratif. — Le propriétaire, à son tour, peut
prétendre qu'il n'y avait pas d'arrêté préfectoral, ou,
sans en nier l'existence, il peut en contester l'opportunité. Tout cela forme autant de questions préa-
lables à résoudre, et le préfet peut être tenté d'élever le conflit. Il faut voir dans quels cas les principes
actuels permettraient de valider son arrêté.

D'abord, il faut que la question dont il réclamera
la solution pour l'autorité administrative soit préjudicielle *au délit*, c'est-à-dire qu'un moyen *péremp-
toire de défense* présente à juger une question pour
laquelle le juge de la poursuite *ne se trouve pas compétent* [49]. Ainsi, le texte même de l'ordonnance de
1828 écartera le conflit chaque fois que l'existence de
l'arrêté préfectoral ou son opportunité sera contestée. Cela est loin d'être un moyen de défense. Il n'a
pas paru nécessaire, dans une pareille contestation,
d'arrêter le cours de la justice. Si un tribunal mé-
connaissait à ce point le pouvoir de commandement
et l'indépendance de l'administration, l'appel et les
voies ordinaires de réforme des décisions judiciaires
seraient suffisants pour réprimer l'abus.

Restent donc les véritables exceptions préjudicielles : celles tirées de l'étendue du pouvoir préfectoral
et de l'interprétation des termes dont il a été fait
usage, celles, par exemple, de savoir si le préfet
peut, de sa seule autorité, désigner les animaux nui-

sibles, ou quel sens il faut donner au mot « battue. »

Examinons-les séparément :

Si, à l'occasion de la question posée sur l'étendue de son pouvoir, le préfet élevait le conflit, ce ne serait que dans le but de la faire résoudre par une autorité administrative, car il n'y a plus d'évocations, plus de conflit de convenance : il n'y a actuellement que des conflits d'attributions. Cela est si vrai que l'article 2 de l'ordonnance de 1828 veut formellement qu'une disposition législative réserve à l'administration la connaissance de la question, et que l'article 9 impose au préfet l'obligation d'insérer textuellement dans son arrêté la disposition de loi qui attribue à l'administration la connaissance du point litigieux. Je crois qu'en matière de louveterie, le préfet serait bien embarrassé pour citer un texte, même le plus vague, de notre arsenal législatif, lui attribuant le pouvoir de désigner les animaux dangereux qu'il peut faire chasser dans les propriétés d'autrui. Cette seule considération me fait croire que le conseil d'État ne saurait confirmer un arrêté dans toutes les exceptions préjudicielles reposant sur l'étendue du pouvoir préfectoral.

Si maintenant le moyen de défense repose sur l'interprétation même de termes obscurs dont s'est servi le préfet, on pourrait déjà invoquer la raison précédente, tirée de l'absence de texte réservant au préfet ou à toute autre autorité administrative l'interprétation de l'acte ; mais il y a un autre motif pour penser que l'arrêté de conflit ne serait pas admis. Il est bien vrai qu'en principe l'interprétation d'un acte administratif n'appartient qu'à l'autorité dont cet acte émane ; mais c'est quand cette autorité a le pouvoir de trancher les questions individuelles ; c'est quand il s'agit de l'exercice même de ce pouvoir que le principe est applicable. S'il s'agit, par exemple, d'une usurpation sur un chemin public, d'une extraction de matériaux faite par un entrepreneur de travaux publics en dehors des lieux désignés, l'autorité administrative interprétera seule l'arrêté qui a fixé les limites du chemin ou désigné le terrain, parce que, seule, elle peut souverainement faire la désignation de laquelle dépendra le délit [50].

Le conflit pourrait peut-être s'élever si la nécessité de l'interprétation résultait d'une obscurité dans la désignation des terrains soumis à la chasse [44] ; mais cela sera bien rare [51]. Dans la généralité des cas, ce serait faire la loi elle-même que d'interpréter le sens d'un arrêté pris en vertu d'une loi générale, obligatoire pour tous. Ce serait trancher, non l'exception préjudicielle, non le moyen de défense, mais la question même du délit, l'interprétation même de la loi, ce qui n'est donné qu'aux tribunaux. C'est pour ce motif que tous les arrêtés purement réglementaires des maires, des préfets, sont interprétés, au point de vue de leur légalité, non par ces autorités, mais par les tribunaux répressifs [42] ; qu'en matière de chasse les tribunaux correctionnels n'ont jamais

vu de conflit paralyser leur action quand ils ont exa-
miné les arrêtés préfectoraux, analysé leur sens ou
leur légalité [40]. S'il est parfaitement admis qu'un
préfet ne saurait réclamer pour l'administration le
droit de déterminer ce que l'on doit entendre par
le temps de neige pendant lequel il a interdit la
chasse [52], il faut bien admettre aussi qu'il ne le peut
pas davantage quand il s'agit d'examiner ce que signifient les mots « battue, permissions de chasse », etc. S'il
en était autrement, l'administration aurait le droit de
faire la loi et les tribunaux le devoir d'appliquer ses
volontés.

Remarquez, enfin, que cette discussion sur la possibilité du conflit et le pouvoir des tribunaux revient à
dire que, si dans une instance correctionnelle, il s'élève
un incident de défense fondé sur l'étendue du pouvoir
du préfet ou sur l'interprétation de ses actes, il n'y aura
point de véritable exception préjudicielle dans le sens
juridique de ce mot : le juge de l'action sera le juge
de l'exception, et les règles de l'article 182 du Code
forestier seront inapplicables.

26. Exercice simultané des deux modes de recours. —
Le propriétaire qui se croit lésé par une mesure administrative de louveterie peut fort bien employer à la
fois les deux modes de recours : la poursuite correctionnelle et le recours pour excès de pouvoir.
Pendant longtemps, le conseil d'État a décidé qu'un
recours pour excès de pouvoir n'était pas recevable

toutes les fois que, en cas d'application de la mesure, l'autorité judiciaire pouvait en apprécier la légalité et faire droit aux réclamations qui s'élevaient à ce sujet; on craignait les décisions contradictoires et la possibilité de voir (si l'acte attaqué n'était pas annulé) le dernier mot appartenir en définitive à l'autorité judiciaire. Mais, depuis une dizaine d'années, le conseil d'Etat n'a pas hésité à user du droit que confère au chef de l'Etat la loi des 7-14 octobre 1790, et à annuler les actes administratifs qui lui semblaient entachés d'excès de pouvoir, sans se préoccuper de la possibilité d'une contradiction entre ses décisions et celles de la cour de cassation [53]. Cette possibilité est, en effet, bien plus favorable que nuisible aux solutions libérales, et la loi qui donne au pouvoir exécutif le contrôle sur les actes des autorités administratives ne contient aucune exception, aucune réserve. Malgré l'élasticité des principes du droit administratif, il est impossible d'admettre une pareille restriction à ce pouvoir, et par conséquent au droit des administrés, si elle n'est pas dans la loi [54].

27. — Dans le cas où les deux modes de recours auraient été exercés simultanément, le tribunal devrait-il surseoir à statuer jusqu'à ce que la décision administrative soit connue ? Je ne le pense pas. L'autorité administrative et l'autorité judiciaire ont été trop souvent comparées à deux fleuves coulant dans des lits parallèles et séparés, pour que je me dispense d'insister sur la parfaite indépendance de l'une et de l'autre.

Une raison plus positive est que provision est due à
l'administratif, c'est-à-dire que les recours ne suspen-
dent jamais l'exécution d'ordres émanés de l'autorité
administrative, qui est présumée agir toujours dans
l'intérêt général [55]. Il faut en déduire qu'un tribunal répressif ne peut jamais surseoir à statuer [56] sur
les poursuites dont il est saisi pour donner le temps à
l'autorité supérieure administrative de prononcer sur la
demande à fin d'annulation d'un acte administratif. Cette
indépendante manière d'agir pourra peut-être amener des décisions peu concordantes. L'inconvénient,
si cela en est un, existe pour toutes les dispositions
réglementaires, et jamais l'ordre public n'a été trou-
blé par cette possibilité d'une discordance de vues
dans l'application de la loi.

28. Résumé. — Cette discussion, dans laquelle j'ai
interprété et devancé peut-être le sens de quelques
décisions judiciaires [57], peut se résumer ainsi qu'il suit :

A. S'il n'y a eu aucune autorisation administrative,
les auteurs de la chasse aux animaux nuisibles sur le
territoire d'autrui, maires, agents forestiers, lieutenants de louveterie, commettent un délit de chasse.

B. S'il existe une autorisation administrative, il peut
y avoir recours pour excès de pouvoir et poursuite devant les tribunaux correctionnels :

a) Il y a lieu à recours pour excès de pouvoir : 1° quand
l'acte administratif est entaché d'une incompétence
quelconque ; 2° quand il viole les formes substantielles

de la loi; 3° quand l'autorité administrative a fait usage de son pouvoir dans un but différent de celui que le législateur avait en vue.

b) Il y a lieu à poursuites devant les tribunaux correctionnels dans les deux premiers cas indiqués ci-dessus [38]; ce qui revient à dire que le tribunal peut apprécier la légalité de l'autorisation administrative et est compétent pour en interpréter le sens.

Devant les tribunaux correctionnels, il ne peut avoir lieu ni à exception préjudicielle obligeant à sursis, ni à conflit, sauf le cas, fort rare, où il s'agit de la désignation des terrains soumis aux chasses officielles.

Les deux modes de pourvois peuvent s'exercer cumulativement, sans que l'autorité judiciaire soit obligée de surseoir à prononcer en attendant la décision administrative.

c Il n'y a lieu à aucun recours contentieux, ni administratif, ni judiciaire, quand il s'agit de l'opportunité et du choix de la mesure commandée. La voie de la pétition gracieuse est alors seule ouverte.

29. Tempérament dans l'application de la loi du 3 mai 1844. — La sanction de l'inobservation des lois et règlements sur la louveterie sera donc un délit de chasse, et la loi du 3 mai 1844 devra être appliquée dans toute sa rigueur.

Il y a toutefois un tempérament :

Vous savez que l'article 20 exclut les délits de chasse de l'application de l'article 463 du Code pénal et que l'on a conclu de cette rédaction qu'en matière de chasse, comme en matière forestière, l'intention et la bonne foi ne peuvent être une excuse. Ces délits participent de la nature des contraventions, pour lesquelles le fait seul est puni, abstraction faite de la culpabilité de son auteur [59]. La jurisprudence a fait à ce principe une exception, quand le délit de chasse résulte de l'inobservation des formalités qui doivent accompagner les mesures administratives concernant les animaux nuisibles. Les tribunaux ont déjà excusé les individus qui ont accompagné un maire dans une battue, se fiant à lui de l'accomplissement des formalités [60], — les chasseurs qui, sans intention, ont dépassé la limite du territoire où la battue était autorisée [61], — l'intendant et le piqueur d'un lieutenant qui, sans loi, mais en la présence d'un garde forestier, ont procédé à une chasse officielle [62]. La jurisprudence ne peut que s'affermir dans cette voie, car la louveterie ne fait pas partie des matières prévues par la loi de 1844, et en admettant l'excuse de la bonne foi, il s'agit moins de l'appliquer au délit de chasse, qui est la conséquence du fait incriminé, qu'au fait même de l'exécution d'une des mesures administratives autorisées par la législation de l'an V. Rien dans cette loi ne prohibe l'application de l'article 463 du Code pénal.

Le pouvoir des tribunaux est donc bien plus étendu dans l'application de la législation de la louveterie que dans celle de la chasse ou des forêts. Dans l'une comme dans l'autre, les règles de la complicité fournissent aussi leur élément d'excuse, car la loi ne punit le concours et l'assistance à un délit que lorsqu'il y a intention frauduleuse. Mais ceux qui participent à un délit de chasse ou à une mesure de louveterie sont bien plus souvent coauteurs et auteurs principaux que complices, et il n'y a de ce chef aucune particularité à vous signaler.

30. — Il ne faut pas croire que ceux qui opèrent une chasse officielle autorisée par un arrêté préfectoral sont à l'abri, d'une manière absolue, de toute poursuite fondée sur l'irrégularité dont cet arrêté pouvait être entaché. On l'a soutenu [63] en se fondant sur quelques arrêts trop peu explicites [64]; mais on a attribué ainsi à l'autorité administrative une puissance qu'elle n'a pas.

Vous en jugerez par quelques explications :

Sans aucun doute, quand il s'agit de responsabilité purement civile, l'ordre du supérieur couvre l'inférieur. Il est d'équité et de jurisprudence que l'agent de l'État est irresponsable d'ordres reçus; la réparation doit remonter à celui dont l'ordre émane [65]. Il en serait ainsi, si la lésion du droit de chasse d'autrui n'était pas un délit et si l'exercice même de la chasse n'était pas subordonné à des conditions qui font naître des peines quand on les enfreint. Or, les délits sont personnels; « en fait de crime, point de garant », disaient nos anciens jurisconsultes. Que deviendrait la morale publique, si un avis, un conseil, un ordre même pouvait faire échapper à la peine celui qui viole la loi répressive ? A un principe aussi fondamental, aucune exception n'est possible! L'autorité qui aurait donné des ordres irréguliers, illégaux, pourrait, à la rigueur, être poursuivie comme complice [66]; mais ceux qui auront chassé en dehors des conditions légales pourront seuls être condamnés pour délit de chasse.

C'est parce qu'une peine est la sanction du droit de chasse que les tribunaux ont la faculté d'apprécier la légalité de l'acte administratif (n° 22). A quoi servirait cette faculté, si les auteurs de la chasse officielle pouvaient éviter les peines de la loi en se retranchant derrière un ordre de l'autorité illégalement donné? Ne serait-ce pas mettre la loi dans la main de l'autorité, placer celle-ci au-dessus de celle-là ?

L'admission des excuses tirées de l'erreur, de la bonne foi, de l'intention, sera la seule cause juridique de l'acquittement des prévenus, comme les arrêts cités (n° 29) l'ont formellement décidé. Il faut même reconnaître qu'il y aura très-souvent de grandes probabilités pour rendre incontestable la bonne foi de prévenus ainsi commandés ; mais il ne faut pas aller plus loin, ni chercher un brevet d'impunité dans le seul fait de l'existence d'un arrêté préfectoral ou de la convocation d'un maire.

31. Compétence des agents et préposés forestiers. — La législation sur la louveterie augmente la compétence des agents et des préposés forestiers. De ce qu'ils sont chargés par la loi de la surveillance et de l'inspection des mesures de louveterie dans toutes les propriétés ouvertes, il faut conclure qu'ils ont qualité pour constater les infractions commises dans leur exécution, même sur les terrains des particuliers, pourvu qu'ils restent dans les limites de leur compétence territoriale, telle qu'elle est déterminée par les articles 5 et 160 du Code forestier. La surveillance ne se comprendrait pas sans le pouvoir de constater les faits qui en découlent. Peut-on concevoir que des gardes, officiers de police judiciaire, chargés par la loi d'une surveillance sur un objet tout à fait spécial, soient obligés d'aller chercher un garde champêtre pour constater les faits délictueux que cette surveillance même leur aurait révélés ? Cela est impossible, et nous ne sommes pas seuls à reconnaître leur compétence dans ce cas particulier [67]. Sans vouloir d'ailleurs torturer le texte, il est bien permis de remarquer que l'article 6 de l'arrêté de pluviôse an v parle d'un procès-verbal qui sera dressé de chaque battue, sans indiquer quelle autorité sera chargée de le rédiger. Ce ne peut être à mon sens que l'agent forestier, puisqu'un extrait doit être envoyé au ministère des finances et que ce département, auquel appartient l'agent forestier, est chargé par l'article 8 de l'exécution de la loi.

Rien n'étant dit sur la manière dont cette constatation sera effectuée, il faut en déduire que les agents et gardes forestiers sont régis à cet égard par le droit qui leur est propre. Le Code forestier sera pour eux le droit général, et la loi de 1844 le droit spécial, c'est-à-dire que les dispositions particulières de cette loi sur les formes de la constatation doivent prévaloir sur celles du Code forestier, partout où elles leur seront directement contraires [68].

32. — Quant à la poursuite, elle ne peut être exercée que par le ministère public, soit d'office, soit sur la plainte des propriétaires, dans les cas où cette plainte fait naître le délit de chasse. Aucun texte de la législation sur les animaux nuisibles ne confère, en effet, aux agents forestiers le droit de poursuite, et l'article 159 du Code forestier limite à cet égard leur compétence aux délits purement forestiers, c'est-à-dire portant une atteinte directe ou indirecte au sol soumis au régime forestier.

Il n'en est pas de même quand les infractions aux lois concernant les animaux nuisibles ont lieu dans les forêts soumises au régime forestier. Les lois du 28 vendémiaire an V et du 19 ventôse an X ont assimilé complétement aux délits forestiers les délits de chasse commis dans les forêts de l'Etat, des communes ou des établissements publics [69]. A leur égard, le droit de constatation, de poursuite et de transaction des agents forestiers est, par suite de cette assimilation, aussi complet que pour les délits purement forestiers. La jurisprudence est aujourd'hui fixée en ce sens [70].

33. — Je devrais terminer ces considérations géné-

rales sur la législation de la louveterie en vous indiquant les principaux ouvrages qui en ont traité. Ils sont très-nombreux ; tous les auteurs qui ont écrit sur la chasse, MM. Petit, Berriat-Saint-Prix, Rogron, Perrève, Championnière, Jullien, Camusat-Busserolles, Chardon, Cival, Dalloz, Dufour, de Neyremand, Duvergier, Gillon et Villepin, Houël, Lavallée et Bertrand, Morin, Giraudeau et Lelièvre, etc., etc., ont consacré un chapitre à la louveterie ; aucun n'en a fait l'objet d'une étude bien détaillée. Je dois cependant vous signaler un livre publié en 1867 par M. Villequez, professeur à la faculté de Dijon, sur la destruction des animaux nuisibles, livre tout à fait spécial, aussi remarquable par l'érudition que par la dialectique. L'auteur, qui me pardonnera de lui avoir fait de nombreux emprunts, n'est pas tendre pour l'administration des forêts. Raison de plus pour le lire, car c'est en écoutant la contradiction, et même les attaques, que les fonctionnaires savent arriver à cette mesure de tact, à cette pondération d'autorité qui constituent les bons services administratifs. (Voir *Appendice*, Note bibliographique.) »

DEUXIÈME LEÇON

34. — Nous abordons maintenant l'étude détaillée des mesures administratives concernant les animaux nuisibles. Les deux premières ont *principalement* le loup pour objet ; ce sont les primes d'encouragement et l'institution des lieutenants de louveterie. Les deux autres ont un caractère *plus général* et comprennent tous les animaux nuisibles, que je serais tenté d'appeler *voraces*, comme le fait l'arrêté du 19 pluviôse an v dans ses considérants, pour bien fixer dans votre esprit le but de leur législation : ce sont les battues et les permissions de chasses particulières.

Je continuerai à employer les mots « animaux nuisibles », parce que ce sont ceux dont la loi se sert presque uniquement. Si la loi de 1844 les emploie aussi, c'est comme synonyme du mot « *malfaisant* », dont elle s'est servie, sans confondre les idées, pour caractériser le droit de destruction accordé aux propriétaires.

35. — Il y a dans certaines provinces des règlements locaux et des mesures spéciales pour la destruction des loups. La Bourgogne et la Franche-

Comté avaient notamment une législation particulière, prescrivant aux habitants certaines mesures à prendre dans ce but. Ces règlements locaux ne sont pas abrogés pourvu qu'ils concernent le loup et qu'ils émanent de l'autorité souveraine dans la province. Le gouvernement est, en effet, autorisé, par la loi du 10 messidor an V, à *laisser subsister* les établissements pour la destruction des loups, et même à en former de nouveaux. Il a usé de ce droit en créant les lieutenances, en 1805, et son silence sur les institutions de louveterie autres que les lieutenances, leur continue la force d'exécution légale sur tous les points qui ne sont pas en formel désaccord avec notre organisation actuelle. Si la conservation de ces règlements avait des inconvénients pour l'unité administrative, le gouvernement pourrait les mettre à néant en ne les laissant pas subsister. Tant qu'il ne s'est pas prononcé, leur maintien est de droit. Le pouvoir exécutif possède, en cette matière spéciale, le droit d'abrogation, à côté du droit de création. Jusqu'alors il a seulement paru nécessaire d'exercer ce dernier [31].

III

ENCOURAGEMENTS ADMINISTRATIFS

36. Animaux nuisibles. — A l'époque de la Révolution, alors que les idées étaient tout à l'efficacité des ef-

forts de l'initiative humaine, on a réduit au seul système des encouragements les mesures qu'il était urgent de prendre pour la destruction des animaux nuisibles. La disparition des grands équipages et la
continuité des guerres avaient favorisé beaucoup leur
développement. La loi du 11 ventôse an III crut devoir allouer pour le loup des primes énormes. Aujourd'hui le système de ces primes est assez insuffisant : les véritables chasseurs les dédaignent ; les
battues, les chasses des lieutenants et des permissionnaires produisent beaucoup plus de résultats. Cependant, le système des primes est toujours en vigueur,
et les circulaires ministérielles autorisent les préfets
à en accorder pour tous les animaux nuisibles sur les
fonds du ministère de l'intérieur. En vertu de l'article
20 de la loi rurale des 28 septembre-6 octobre 1791, le
gouvernement peut user de ce système d'encouragement dans les limites des crédits votés par la loi de
finance [72]. Le préfet fixe les primes en prenant pour base
l'échelle de proportion adoptée par la circulaire du
9 juillet 1818, et en tenant compte : 1° du caractère
plus ou moins dangereux de l'animal abattu, et 2° du
danger couru dans l'acte de destruction [73].

37. Primes pour le loup. — Une loi spéciale fait au
loup l'honneur de mettre sa tête à prix. Il en était
déjà ainsi dans les temps les plus reculés, car on
trouve dans les comptes du trésor royal, en 1297 et
en 1312, des traces de primes payées probablement

à des gens de l'équipage des louvetiers ou des seigneurs [74]. La loi du 11 ventôse an III (1er mars 1795) allouait à tous les destructeurs 300 livres pour une louve pleine, 250 pour une louve non pleine, 200 pour un loup, 100 pour un louveteau au-dessous de la taille du renard. Cette loi a été abrogée, à cause de la fraude qu'elle provoquait, et remplacée par celle du 10 messidor an V en vertu de laquelle il sera accordé à tout citoyen, sous forme d'indemnité et d'encouragement, 50 livres par louve pleine, 40 par loup, 20 par louveteau et 150 livres par loup enragé, lorsqu'il sera constaté qu'il s'est jeté sur des hommes ou des enfants.

Un arrêté du ministre de l'intérieur, du 25 septembre 1807, a abaissé ces primes à 18 francs par louve pleine, 15 francs par louve non pleine, 12 francs par loup, 3 francs par louveteau. Enfin, l'instruction ministérielle du 9 juillet 1818, faite en vue du service des lieutenants de louveterie, a élevé cette dernière prime à 6 francs par louveteau. La légalité de ces derniers actes pourrait fort bien être contestée, car il n'appartient pas à l'administration de modifier un droit que les citoyens tiennent de la loi [75]. Il est vrai que ces instructions ajoutent que les primes ainsi réduites pourront, selon les circonstances, être augmentées par le ministre, sur la proposition du préfet. C'est dans ce sens qu'il faut comprendre l'article 10 de l'ordonnance du 20 août 1814, en vertu duquel il sera accordé pour chaque louveteau une gratification, qui sera double si l'on parvient à tuer la louve.

Les instructions ne s'expliquent pas sur l'âge auquel on devra s'arrêter pour le louveteau dans l'application du tarif. Ce point était réglé par la loi du 11 ventôse an III qui accordait la dernière prime aux jeunes loups d'une taille inférieure à celle du renard. L'abrogation de cette loi ne permet plus d'y avoir recours. C'est une question de fait que l'esprit général de la loi et surtout celui des articles 9 et 10 de l'ordonnance de 1814 permettent d'éclairer. La désignation des portées de louveteaux et l'encouragement donné à la capture de leur mère, paraissent indiquer clairement que le jeune loup cesse d'être louveteau, aux yeux de la loi, quand il s'affranchit de la tutelle de ses parents.

38. A qui appartient la prime. — La loi du 10 messidor an V attribue formellement la prime à celui qui a tué l'animal ; garde forestier en tournée, homme de l'équipage du louvetier, braconnier à l'affût, voyageur en défense, peu importe les situations. Il ne pourrait y avoir de difficulté que lorsque des efforts communs ont amené la capture du loup, c'est-à-dire parmi les gens de l'équipage du louvetier, ou entre les chasseurs et les traqueurs d'une battue. La loi est formelle, c'est à celui qui a mis bas l'animal que la prime est due et qu'elle sera payée [75]. Ce système de la loi est fort raisonnable ; ce qui l'est moins, c'est d'attribuer, comme le dispose l'article 2, ces primes à titre d'indemnité pour les méfaits du loup. Il arrivera rarement que l'animal soit tué par ceux-là mêmes dont les moutons ont été mangés. La prime n'est due qu'au chasseur heureux ; les propriétaires n'ont qu'à se consoler par la pensée que la mort du loup est bien officiellement constatée. Aucune loi n'accorde d'action en dédommagement pour des accidents pareils.

39. Paiement des primes. — Un mandat du préfet sert à payer les primes sur les fonds du trésor. Parfois, les conseils généraux votent des fonds pour compléter cette partie du service. Pour arriver au paiement, le chasseur doit produire la justification et le contrôle. La justification consiste dans un acte de constatation, dressé par le maire de la commune du domicile du chasseur, ou de celle qui en est la plus voisine. Le contrôle varie suivant les usages et les distances ; mais la patte droite antérieure de l'animal tué doit toujours en faire partie. Il est pris des mesures pour que les mêmes moyens de contrôle ne puissent pas servir deux fois [76].

40. — Le service financier de ces primes est réservé à l'administration des domaines [77]. Les agents forestiers restent étrangers à cette mesure d'administration générale. Le rôle de transmission au ministère de l'intérieur, qui était réservé au grand veneur, en vertu de l'article 12 de l'ordonnance de 1814, n'a point été conservé par le Directeur général des forêts. Il n'avait aucune utilité et ne servait qu'à retarder le paiement des primes. Ce n'est que par voie de conseils

que les forestiers pourront être utiles, pour le payement de la prime, à ceux qui auront rendu à leur pays
l'utile service de le débarrasser d'un loup.

IV

LIEUTENANCES DE LOUVETERIE.

§ 1er. — *Généralités*.

41. Historique. — On ferait une longue histoire des
louvetiers [4], des grands-louvetiers [78], des sergents
louvetiers [6], des gardes de louveterie [11] et même des
loutriers [5], car il y avait des fonctionnaires, à office
probablement, chargés de la capture spéciale de la
loutre. — Cette histoire intéresserait bien plus des
chercheurs et des chasseurs émérites que des élèves
forestiers. Je me borne aux points principaux de cette
organisation administrative après les agitations qui
ont suivi le règne de Charlemagne.

Le plus ancien louvetier dont le nom est arrivé jusqu'à nous, est Pierre-le-Rongeau, sous Philippe-le-
Bel, en 1308 [79]. Les louvetiers n'étaient point agréables
aux populations, obligées de loger et d'héberger leurs
gens et leurs chiens. Aussi, dans une ordonnance du
28 mars 1395, rendue par Charles VI, on voit que,
voulant faire vivre *le peuple en paix*, à l'occasion du
mariage de sa fille avec le roi d'Angleterre, le roi

n'imagina rien de mieux que de révoquer toutes leurs commissions [80].

Les louvetiers furent réorganisés par lettres patentes de 1404, dans lesquelles Charles VI leur défendit de loger ailleurs que dans les hôtelleries, et leur donna en compensation le droit de lever deux deniers parisis par loup, quatre par louve sur chaque feu de toutes les paroisses situées dans un rayon de deux lieues de l'endroit où la bête avait été prise. Ce droit fut maintenu et perçu jusqu'en 1785.

L'office de grand-louvetier, que l'on attribue généralement à l'ordonnance de François Ier, du 1er mai 1520, paraît remonter au règne de Charles VII [81]. La création d'un chef suprême ne rendit pas l'organisation meilleure ; car vous savez déjà que le monopole de tuer le loup, attribué jusqu'alors aux louvetiers et aux sergents louvetiers, fut démembré par le droit de battues donné, en 1583, par Henri III, aux maîtres des forêts et, en 1600, par Henri IV, aux seigneurs hauts justiciers. Il est inutile de vous rapporter le détail des conflits qui existèrent entre les louvetiers et les maîtrises des forêts ; de vous montrer la Table de marbre réglant, en 1603 et en 1608, le mode de perception des deux deniers parisis [82] ; le conseil d'État prescrivant, en 1671, d'autres formalités [83] ; Pecquet, grand maître de Normandie, protestant ; Duvaucel, grand-maître de Paris, produisant de longs mémoires [10] ; Louis XV ordonnant, en 1773, qu'à l'avenir, les commissions ne seront plus enregistrées à la maîtrise [84]. De pareils débats, qui ne peuvent plus se renouveler, à cause du changement des mœurs sociales, n'ont qu'un intérêt purement historique.

Louis XVI, qui avait l'excellente intention de réorganiser la louveterie, fit rendre, par le conseil d'État, le 15 janvier 1785, un arrêt en dix-huit articles pour le règlement de la chasse au loup [11].

Le droit de deux deniers parisis était supprimé; mais les lieutenants du grand louvetier recevaient « l'exemption de la taille personnelle, de tutelle, curatelle, de la trésorerie des hôpitaux, de marguillier et autres charges d'église, du logement des gens de guerre, guet et garde, patrouille, corvée, milice, » etc. Les loups, les blaireaux et autres bêtes nuisibles continuaient à être leur monopole, car la défense de les chasser était maintenue à l'égard de toutes personnes, de quelque état et condition qu'elles fussent, à l'exception des seigneurs hauts justiciers, dans l'étendue de leurs seigneuries. Le serment des lieutenants se prêtait devant les intendants, et ils étaient soustraits à la juridiction des maîtrises.

42. — Quatre ans après, la célèbre nuit du 4 août 1789 voyait disparaître ce séculaire monopole, en même temps que tant d'autres institutions [85].

Pendant les jours agités de la Révolution, il s'agissait bien de vénerie et de laisser-courre ! En l'an v, le Directoire songea à utiliser contre les animaux dangereux les équipages qui commençaient à reparaître et permit de donner à ceux qui les possédaient des permissions de chasser les animaux nuisibles, sous l'inspection et la surveillance des agents forestiers (arrêté du 19 pluviôse an v, art. 5). La loi du 10 messidor an v compléta la mesure en autorisant le gouvernement à laisser subsister et même à former des établissements pour la destruction des loups.

La louveterie ne fut pas toutefois restaurée immédiatement, bien que certains chasseurs aient reçu des commissions de louvetiers[86]. Napoléon voulut entourer le nouveau trône des splendeurs de l'ancien et créa un grand veneur de la couronne, qui eut la louveterie dans ses attributions (décret du 8 fructidor an XII, 26 août 1804). L'année suivante, un décret du 1er germinal an XIII (22 mars 1805) fit connaître le règlement sur la louveterie. Le maréchal Berthier, grand-veneur, était, en vertu de ce règlement, investi du droit de délivrer des commissions de capitaine général, capitaine et lieutenant de louveterie.

La Restauration n'apporta d'autre changement à cet état de choses que de supprimer les fonctions de capitaine-général et de capitaine de louveterie et de rendre aux lieutenants, seuls conservés pour le service extérieur, les couleurs du roi, adaptées à un uniforme spécial. Les ordonnances du 15 août 1814 et du 20 août 1814 ne sont que la reproduction presque littérale des décrets de 1804 et de 1805, qui avaient organisé les fonctions du grand-veneur et le service de la louveterie.

La royauté de 1830 fut plus simple dans son en-

tourage ; les fonctions de grand-veneur furent sup-
primées ; elles devaient perdre d'ailleurs une grande
partie de leur importance par la mise en ferme du droit
de chasse dans les forêts de l'État, où il s'était exercé
jusqu'alors au moyen des permissions délivrées par
le grand-veneur. Les autres fonctions de ce dernier,
c'est-à-dire la louveterie, furent dévolues au Directeur général des forêts par l'ordonnance du 14 septembre 1830. Les nominations de lieutenants de louveterie furent faites par lui, sur la présentation des
préfets et l'avis des conservateurs, jusqu'en 1845. A
cette époque, et en vertu de l'ordonnance royale du
21 décembre 1844-20 janvier 1845, elles furent soumises à la signature du roi.

Le second empire, en rétablissant, par décret du 31 décembre 1852, le titre de grand-veneur, ne créa qu'une
charge de cour, purement honorifique et sans attribution
de service public, même en ce qui concernait la louveterie Le décret de décentralisation du 25 mars 1852
transféra aux préfets le droit de nommer les lieutenants de louveterie, sur la présentation de leurs chefs
de service, les conservateurs des forêts, ainsi que cela
fut réglé par un arrêté ministériel, pris le 3 mai 1852,
pour l'exécution de cette nouvelle loi organique des
services publics.

Le gouvernement actuel a des questions plus importantes à étudier que celle de la louveterie.

43. Définition et caractère des lieutenances. — Les

lieutenances de louveterie forment non un service public, mais un service d'utilité générale, dépendant de l'administration des forêts, une institution honorifique établie principalement pour la destruction des loups dans toutes les propriétés ouvertes.

Ce caractère, dont la démonstration ressort plus de l'esprit de la loi que d'un texte formel, a plusieurs conséquences :

1° De ce qu'ils ne constituent pas un service public il faut déduire que les lieutenants ne sont pas fonctionnaires, qu'ils ne prêtent pas de serment professionnel et qu'ils pouvaient être poursuivis sans autorisation du gouvernement avant le décret du 19 septembre 1870, qui a abrogé l'article 75 de la constitution de l'an VIII [87] ;

2° De ce que leur service a pour but l'utilité générale, il faut conclure — ce qui sera corroboré d'ailleurs par d'autres considérations — qu'ils ne peuvent changer en chasses purement voluptuaires les chasses de leur service [12] ;

3° Enfin, de ce que leurs fonctions sont purement personnelles, il faut déduire qu'ils ne peuvent se faire remplacer par leurs piqueurs dans les chasses au loup qu'ils ont mission de faire ou dans les battues qu'ils sont appelés à commander [88].

44. — Tels sont les caractères principaux du service des lieutenants. Dans la pratique, ils se compliquent souvent de ce que ces chasseurs officiels sont en même temps grands propriétaires, adjudicataires

de chasses dans les forêts de l'État ou des communes. Leur mission officielle se confond alors avec leurs plaisirs particuliers ; la surveillance spéciale dont ils sont l'objet, au point de vue des intérêts publics et privés, n'a plus de raison d'être que lorsque la chasse est fermée ou lorsqu'il s'agit d'opérer dans les terrains dont ils n'ont pas les chasses. C'est pour bien étudier l'étendue de leurs attributions que nous ferons toujours abstraction du lieutenant se transformant en simple chasseur, chassant chez lui dans la plénitude de son droit, pour ne nous placer qu'en regard du droit des tiers et des intérêts généraux de la police de la chasse. (Voir n° 18.)

§ 2. — *Organisation du service des lieutenances.*

45. Hiérarchie. — Le savant auteur du *Droit de destruction des animaux nuisibles*, M. Villequez, a prétendu que les lieutenants étaient des officiers sans chefs, et que s'il y avait une tête à leur service, cette tête était dans la personne du préfet. Cette opinion est trop grave pour n'être pas combattue, au nom de la vérité juridique d'abord, et ensuite au nom du corps forestier, méconnu dans ses attributions et dans ses intentions.

Il est facile de montrer que le chef du service des lieutenants n'est pas le préfet, — qu'ils ont un chef de service, et même un chef d'administration, — que le chef de service est le conservateur des forêts, et, par délégation, les agents placés sous ses ordres, — et enfin, que le chef d'administration est le Directeur général des forêts.

D'abord, en ce qui concerne le préfet, l'ordonnance de 1785, sur laquelle on se fonde, est abrogée (voir n° 14) ; et quand bien même elle aurait placé l'intendant en dehors du pouvoir du grand-louvetier, ce qui est fort contestable, il ne faut plus argumenter de ce texte. — Le fait de nommer à un emploi ne place pas forcément le titulaire sous les ordres et sous la direction de l'autorité qui lui a donné l'investiture publique. S'il en était ainsi, les gardes forestiers communaux, les agents des postes, et tant d'autres employés nommés par le préfet comme les lieutenants de louveterie, n'auraient d'instructions à recevoir que de lui et aucune du Directeur général des forêts, du Directeur général des postes, etc. — Enfin, le texte même du décret du 25 mars 1852, qui doit aux circonstances dans lesquelles il a été rendu l'autorité législative, indique que le préfet n'est pas le chef des lieutenants, puisqu'il ne peut les nommer, dit l'article 5, que sur la présentation de leur chef de service. Ils en ont donc un, et ce n'est pas le préfet, — Soutenir, au surplus, que les préfets ont l'autorité de commandement en général, qu'ils donnent aux divers services administratifs l'action sur le public, mais qu'ils n'ont dans ces services ni la direction, ni l'exécution, me parait beaucoup plus logique et plus conforme aux règles actuelles de notre organisation administrative.

Vainement prétendrait-on que les préfets ont le droit de destitution comme sanction de la désobéissance à leurs ordres. Ce droit, que nous contestons d'ailleurs (n° 57), ne prouverait nullement que les préfets sont les chefs administratifs des lieutenants de louveterie ; car le même droit de révocation leur appartient pour les gardes forestiers communaux (C. For. art. 98) et l'on ne saurait soutenir sérieusement que ceux-ci ne font pas partie de l'administration des forêts.

46. — Avant de chercher quel est le chef de service des lieutenants, ce qui sera un détail d'ordre intérieur, quand on saura à quelle branche de nos services publics ils se rattachent, il est facile de prouver que leur chef d'administration est le Directeur général des forêts.

Les lieutenants relevaient du grand-veneur qui était naturellement leur chef d'administration; c'est un point acquis par l'ordonnance de 1814 (art. 1 et 2).

Lors de la suppression du grand-veneur, en 1830, on confia au Directeur général des forêts ses attributions concernant la chasse et la louveterie. Il est vrai que dans cette ordonnance du 14 septembre 1830, rédigée d'une façon assez laconique, la chasse seule est indiquée d'une manière explicite ; les attributions concernant la louveterie ne sont déléguées que d'une manière implicite et indirecte. Mais ce qui prouve que cette délégation n'en était pas moins réelle, c'est que 1° l'ordonnance aurait été sans cela à peu près illusoire, puisque les attributions concernant les permissions de chasse allaient cesser par suite de la mise en ferme déjà en projet ; 2° le directeur général entra immédiatement en possession de ces attributions en nommant jusqu'en 1845 les lieutenants et en leur adressant jusqu'à ce jour ses instructions par l'intermédiaire des agents forestiers : *optima interpres consuetudo.*

Ce qui confirme l'attribution faite, le 14 septembre 1830, au Directeur général des forêts des fonctions de chef de la louveterie, c'est qu'en 1832, quand on voulut restreindre les priviléges des lieutenants, c'est-à-dire modifier le règlement de 1814, l'ordonnance du 24 juillet 1832 déclara qu'il n'était fait à l'ordonnance du 14 septembre 1830 d'autre modification que la réduction au sanglier du privilége de chasse que les lieutenants avaient dans les forêts de l'État. Et pour bien montrer que ces ordonnances du 14 septembre 1830 et 24 juillet 1832 ne devaient faire qu'un ensemble avec l'ordonnance organique du 20 août 1814, on promulgua cette dernière, qui avait été omise au Bulletin des lois, et qui ne devint réellement obligatoire qu'à partir de ce jour (24 juillet 1832, sous le n° 4327).

En 1845, à l'occasion d'une pareille mesure, prescrite par l'ordonnance des 20 juin-12 juillet 1845, les mêmes termes sont employés pour confirmer l'ordonnance de 1830; les mêmes faits se reproduisent, sauf l'insertion au Bulletin de l'ordonnance de 1814, qu'il était bien inutile d'y voir une seconde fois.

Enfin, quand, la même année, le droit de nomination des lieutenants fut remis au roi, c'est encore l'ordonnance du 14 septembre 1830 qui est visée dans celle du 21 décembre 1844-20 janvier 1845, parce qu'elle la modifie; visa bien inutile si, comme on veut le prétendre, l'ordonnance de 1830 ne concernait que la chasse et nullement la louveterie.

Le décret-loi du 25 mars 1852, loin d'abroger l'ordonnance de 1830, ne fait que confirmer ses dispositions, puisqu'en déléguant aux préfets la nomination des lieutenants, on conserve l'indépendance de leur chef administratif en réservant son droit de présentation.

On pourrait invoquer une autre raison. En supposant que ni l'ordonnance de 1830, ni celles de 1832 et de 1845, ni le décret de 1852 n'aient la portée et le sens que nous venons d'indiquer, l'administration forestière n'en serait pas moins le chef indirect des lieutenants. Nous avons démontré que tous les textes, tous les auteurs, tous les tribunaux reconnaissent que la surveillance des agents forestiers est d'une absolue nécessité, comme étant la seule garantie du droit des tiers. Les lieutenants ne pouvant avoir la prétention de commander à une administration tout entière, ni obliger les propriétaires à se passer des garanties que la loi leur donne, l'administration pourrait toujours assurer son pouvoir d'une manière indirecte en accordant ou en retirant les agents de cette indispensable surveillance. Ne vaut-il pas mieux que ce pouvoir soit direct, immédiat, que détourné et implicite ?

Ce raisonnement, que nous ne saurions approuver, ne serait pas autre chose que le panégyrique de l'usurpation et de l'envahissement. En refusant une surveillance dont la loi fait une garantie essentielle pour les battues et les permissions de chasse, comme pour les chasses officielles des lieutenants, l'administration des forêts ne ferait que manquer à ses devoirs et ce n'est pas par des actes pareils, indirects et irréguliers qu'une administration peut affirmer son pouvoir de commandement sur les lieutenances. Ce pouvoir résulte de la *sanction* qui lui est donnée par les textes organiques du service administratif, et non d'une considération détournée : si un lieutenant négligeait son service ou résistait à des ordres de chasser ou de tendre des piéges qui lui auraient été transmis par l'administration des forêts, le Directeur général ne pourrait le changer de résidence ni lui retenir son traitement — cela est de toute évidence — mais ses ordres ne seraient pas dépourvus de sanction ; car il pourrait toujours le prévenir que son année de commission expirée, celle-ci ne serait pas renouvelée. Cette sanction est tellement impérative qu'elle est répétée deux fois dans l'ordonnance de 1814 (art. 3 et 19). Et l'autorité du préfet ne saurait paralyser la sienne, car celui-ci ne peut délivrer aucune commission sans la présentation du service forestier (n° 51).

Telles sont les véritables raisons puisées dans les

textes et dans les faits qui font des lieutenances
de louveterie une annexe de l'administration des
forêts.

47. — Sans aucun doute, le Directeur général ne
peut, à raison de l'éloignement, entrer dans tous les
détails des fonctions des lieutenants, dont l'exercice
est souvent imprévu et urgent. Le grand-veneur ne
le pouvait pas plus que lui, et il a été pourvu à ce
besoin, commun à toutes les administrations, par l'indication d'un chef de service pour les lieutenants. Ce
chef de service est le conservateur qui a été désigné
par le ministre des finances, chef hiérarchique du
Directeur général, comme cela arrive pour toutes les
organisations extérieures des administrations publiques. (Arrêté du min. des finances, du 3 mai 1852.)

48. — Au surplus, cette partie des attributions du
Directeur général a reçu la sanction de l'autorité de
la cour suprême. Dans une affaire où il s'agissait surtout d'une question de hiérarchie administrative, la
cour de cassation a décidé, en 1861, que le lieutenant
ne pouvait enfreindre la défense d'un agent forestier,
et qu'il était subordonné pour ses chasses, en vertu
de l'ordonnance de 1830, aux instructions de l'administration des forêts, représentée par ses agents dans les
départements. Avant cette époque, beaucoup d'auteurs
se prononçaient déjà dans ce sens [82].

49. — Entendons-nous sur le sens et la portée de
ce rattachement au service des forêts.

Le pouvoir du Directeur général est, sauf le droit

de nomination, le même que celui conféré au grand-
veneur par l'ordonnance de 1814; il consiste à *déterminer les fonctions* des lieutenants (art. 2). Cela ne
veut pas dire que le Directeur général pourrait de sa
seule autorité augmenter ou restreindre l'*étendue* des
fonctions des lieutenants, par exemple, les autoriser
à chasser d'autres animaux que le loup, ou celui-ci
par d'autres procédés que ceux autorisés en 1814. Ce
droit ne lui appartient pas plus qu'il n'était dévolu au
grand-veneur; il est réservé au pouvoir exécutif par
l'article 6 de la loi du 10 messidor an V. Le chef de
l'administration des forêts peut seulement régler
l'*exercice* des fonctions réglementaires, c'est-à-dire
tracer les conditions du service des lieutenants, défendre ou ordonner des chasses au loup, juger leur
opportunité, limiter le nombre des auxiliaires, fixer le
nombre et la circonscription des lieutenances, les
conditions de leur recrutement, soutenir les lieutenants, encourager leur zèle, faire, enfin, tout ce qu'un
chef d'administration prescrit à ses subordonnés pour
la mise en action d'un service dont les attributions
sont légalement déterminées. L'arrêt Duplessis n'a pas
d'autre signification et il faut bien reconnaître que
l'ordonnance de 1814 a le double caractère de loi et
de règlement d'administration publique. Le premier
vous a déjà été signalé (n° 13), le second résulte du
titre même de l'ordonnance : « règlement portant organisation de la louveterie ». C'est à la doctrine et à
la connaissance de notre droit public qu'il faut s'a-

dresser pour démêler les parties de ce texte qui ont
l'un ou l'autre caractère [117].

50. — On a voulu présenter cette dépendance administrative comme une gêne pour le service des louvetiers, et l'on n'a pas craint de dépeindre l'administration des forêts comme un envahisseur, rendant à
dessein leurs fonctions impraticables pour faire haus-
ser la valeur des chasses dans les forêts domaniales.
Vous êtes maintenant en état de juger s'il y a envahissement et usurpation d'autorité.

Les critiques contre la conduite de l'administration
des forêts ne sont pas plus fondées. Jamais elle n'a
entravé un service que ses efforts ont contribué à conserver en 1832; jamais le Directeur général n'a usé
du droit que l'ordonnance de 1814 conférait au grand-
veneur de déterminer les fonctions des lieutenants; il
a toujours laissé ces fonctions s'exercer dans une
confiante liberté. Ses circulaires font foi qu'il s'est
toujours attaché à simplifier les relations administratives et à les adapter à un service difficile dont
les résultats dépendent du travail des lieutenants et
beaucoup des caprices du loup. Ainsi, bien que le
conservateur soit désigné par le ministre comme chef
de service, le Directeur général invite tous les agents
à se considérer comme valablement saisis par les
communications directes des lieutenants et des préfets,
les autorise à prendre toutes mesures nécessaires, à
charge seulement d'informer le conservateur de ce
qu'ils auront fait [96]. Ainsi, c'est sur la proposition des

Forêts qu'en 1850 on reconnut aux préfets le droit d'ordonner d'office les battues aux animaux nuisibles [91]. Ainsi encore, c'est l'administration des forêts qui a réduit les états de situation imposés aux lieutenants à un simple relevé annuel [92], qui a donné l'ordre à ses agents de se mettre à la disposition des lieutenants pour toutes les chasses dont l'utilité serait justifiée, et même d'autoriser l'admission de tous les auxiliaires nécessaires à leur succès [93].

La question jugée par l'arrêt de la cour de cassation, du 7 juillet 1861, n'a pas le but qu'on a voulu lui attribuer. Il s'agissait de savoir si les lieutenants pouvaient passer outre à une opposition d'un inspecteur des forêts ou devaient surseoir à leurs chasses sauf à réclamer devant l'autorité supérieure contre les motifs donnés à l'appui de cette injonction. C'était en réalité savoir si une administration publique était subordonnée à leur volonté. La réponse ne devait faire doute pour personne, surtout pour les propriétaires dont les droits étaient ainsi fort exposés. Il ne s'est jamais agi d'entraver la liberté d'action des louvetiers, ni de les obliger à attendre les instructions des agents forestiers pour exercer leur utile savoir. Leur liberté, dans l'exercice de leurs fonctions techniques, reste entière; elle se meut seulement dans les limites de la hiérarchie administrative, à laquelle ils sont rattachés. Les agents forestiers sont trop éclairés pour entraver ce qui est utile à tous. Si, par hasard, ils oubliaient leur devoir, les lieutenants savent qu'ils

ont des chefs près desquels ils peuvent réclamer, et
qu'on a pris soin de leur désigner à l'avance l'autorité
supérieure chargée d'entendre leurs plaintes [35].

51. Proposition. — La présentation aux emplois de
lieutenant de louveterie est faite par le conservateur
des forêts. Le décret-loi du 25 mars 1852 exigeant
une proposition, toute nomination faite sans l'accomplissement de cette formalité serait un excès d'autorité, qui ne saurait préjudicier aux tiers si le lieutenant, connaissant cette irrégularité, était tenté
d'exercer des fonctions illégalement conférées. Les
propriétaires auraient le recours pour excès de pouvoir, en supposant que la chasse ne soit critiquable
qu'à ce point de vue [53]. L'administration forestière
aurait le droit et le devoir d'appeler sur une pareille
nomination l'attention du ministre, supérieur hiérarchique du préfet [34]; elle pourrait aussi paralyser
l'action du lieutenant en refusant de lui donner le
concours effectif sans lequel il ne peut chasser. Cette
situation, qui n'est relevée ici que pour l'exposé
des principes, ne se présentera pour ainsi dire jamais.

52. Nomination. — Depuis le décret de décentralisation du 25 mars 1852, la nomination a lieu par le préfet dans les conditions indiquées ci-dessus. C'est lui
qui délivre au lieutenant sa commission, sans que
cette remise donne lieu à aucune formalité de timbre
ni d'enregistrement.

53. Circonscriptions et nombre. — Le nombre des lieutenants n'est pas limité par la loi. En vertu de l'ordonnance de 1814, le grand-veneur déterminait leur nombre, par conservation forestière et par département, dans la proportion des bois qui s'y trouvaient et des loups qui les fréquentaient.

L'arrêté ministériel du 3 mai 1832 porte que le nombre des lieutenants sera fixé par le préfet, sur la proposition du conservateur, mais que ce nombre ne pourra excéder celui des arrondissements de sous-préfecture, à moins de circonstances exceptionnelles, dont le Directeur général aura l'appréciation[93].

Ces règles sont très-sages : les préfets peuvent augmenter le nombre des lieutenances suivant les besoins et les circonstances ; mais ils n'ont ce pouvoir qu'avec l'assentiment du Directeur général des forêts. Il ne saurait être possible, en effet, de forcer un chef d'administration à recevoir un personnel dont il ne voudrait pas[94].

54. — Les lieutenants en exercice dans un arrondissement ne pourraient se plaindre, autrement que par la voie gracieuse, de la nomination d'autres titulaires, si les besoins des localités paraissaient au Directeur général de nature à exiger l'augmentation de leur nombre. Ils ne pourraient pas plus s'opposer à ce qu'un lieutenant voisin sortît de sa lieutenance pour suivre une de ses chasses. Le temps de leur monopole est passé. L'exercice des services d'utilité publique n'a jamais donné lieu à action en justice au profit de ceux qui en sont chargés. *Il n'appartient qu'à l'administration de mettre l'ordre et la règle parmi ses subordonnés ; et cela, dans le but unique d'assurer une meilleure exécution des services et non de créer des droits.*

55. — Mais les propriétaires ne sont tenus de supporter que les chasses faites dans la circonscription de la lieutenance telle qu'elle est désignée dans la commission. Le lieutenant qui chasserait au loup en dehors de ces limites serait en délit, quand bien même il serait accompagné d'agents forestiers. La commission n'est, en effet, qu'une autorisation permanente donnée par l'autorité compétente, en dehors de laquelle il n'y a plus ni mandat ni légalité, absolument comme cela arrive quand le préfet désigne les terrains dans lesquels doit se faire une battue. Les propriétaires ont le droit de faire produire la commission, soit à eux-mêmes, soit devant le tribunal où ils entraîneraient les chasseurs officiels, sauf à ceux-ci à invoquer l'excuse de la bonne foi et de l'intention.

Cette rigueur, tempérée toutefois par le droit du tribunal d'admettre l'excuse (v. n° 29), pourra bien avoir pour résultat de gêner quelques chasses faites dans le voisinage des limites des lieutenances. Anciennement, quand les officiers de louveterie étaient les lieutenants du grand-louvetier, ils pouvaient avoir le droit de chasser partout, et encore on leur assignait des circonscriptions ; mais ils se gênaient peu. Aujourd'hui on divise le terrain pour mieux assurer le travail; tel est le principe administratif appliqué aux lieutenants par l'arrêté du 3 mai 1852, rendu pour déterminer leurs fonctions (ord. de 1814, art. 2). Créer plusieurs titulaires dans une grande circonscription, aurait l'avantage d'étendre l'action de leurs services, mais l'inconvénient de rendre leur privilége de chasse dans les forêts de l'État difficile pour eux-mêmes et intolérable pour les adjudicataires (v. n° 81). L'administration forestière, qui est chargée par la loi de régler ces fonctions, et par conséquent de rendre obligatoire pour les tiers les commissions déterminées par elle et délivrées par les préfets au nom du gouvernement, a fait pour le mieux en limitant aux arrondissements le nombre et l'étendue des lieutenances. Sauf de rares exceptions, les résultats et les services seraient compromis par une plus grande extension [25].

56. Durée des fonctions. — Dans le but d'exciter l'émulation des lieutenants, la loi dispose que leurs fonctions ne durent qu'un an et que leurs commissions sont renouvelables. Ce renouvellement a lieu tous les ans et se fait par le préfet sur la proposition du conservateur, de la même manière que la nomination (Ord. de 1814, art. 3 et 19.)

57. — Je ne crois pas que l'on puisse révoquer un lieutenant pour cause de mauvais service pendant l'année de son mandat. La courte durée assignée à cette espèce de fonction, son caractère honorifique, le rang et l'honorabilité des personnes auxquelles elle est destinée, ne paraissent pas laisser au gouvernement la possibilité d'une révocation qui serait un sanglant affront fait à des hommes gracieusement dévoués au bien public. Le droit de nomination n'entraîne pas toujours celui de destitution, et le seul texte sur lequel le préfet pourrait s'appuyer est l'article 19 de l'ordonnance de 1814, dans lequel on lit que « les commissions seront retirées dans le cas où les lieutenants n'auraient pas justifié de la destruction des loups ». Cette formule, si impérative, pour une faute peut-être involontaire, puisqu'il n'y a pas de loups partout, montre qu'il ne s'agit pas d'une véritable révocation avant l'année, car l'inculpé doit avoir au moins, si la faute existe, cette année entière pour justifier de la destruction des loups. Cette considération me fait donc penser que le seul retrait licite est celui de la commission expirée, le refus de la renouveler à son terme.

58. — Or, il peut arriver qu'on oublie de faire ce renouvellement, et qu'un lieutenant continue à chasser quand la durée de sa commission est expirée. La question s'est présentée de savoir si cette chasse est licite. La jurisprudence l'a résolue dans le sens le plus large, conforme du reste aux règles de notre droit public. L'article 197 du Code pénal ne punit l'exercice illégalement prolongé de l'autorité publique que lorsque le fonctionnaire temporaire a continué d'exercer ses fonctions après son remplacement : il est de principe que ceux qui sont investis de fonctions publiques temporaires peuvent et doivent les conti-

nuer jusqu'à ce qu'ils soient remplacés. Le système contraire aurait pour résultat de désorganiser les services publics, les municipalités, les tribunaux de commerce, etc. A plus forte raison doit-il en être ainsi pour les lieutenants de louveterie, alors surtout que la loi de leur institution ne dispose pas que le défaut de renouvellement de leur commission en entraînera l'extinction [27]. (Ord. de 1814, art. 3.)

59.— On pourrait soutenir que la même solution ne devrait pas être admise, s'il s'agissait de l'exercice du privilége de chasse au sanglier, conféré aux lieutenants dans les forêts de l'Etat (voir n° 67). Le caractère d'utilité publique qui couvre les chasses officielles d'un lieutenant, dirait-on, ne saurait plus excuser une chasse qui n'est qu'un avantage limité à une durée parfaitement définie dans la commission. Les circonstances ne sont plus les mêmes : dans l'une, il y a exercice d'une fonction dont l'intérêt public exige la prolongation ; dans l'autre, il y a un privilége, une véritable chasse pour laquelle la bonne foi ne peut plus être une excuse. Le but poursuivi n'est plus la destruction des animaux nuisibles, puisqu'il est défendu de tirer. C'est une sorte de salaire qui cesse avec le mandat, bien que les actes professionnels soient valablement exécutés après son expiration.

La distinction ainsi faite entre les chasses des lieutenants est fort juste, mais il n'en est pas moins vrai que le droit de chasser à courre dans les forêts domaniales est un attribut essentiel de la fonction, un accessoire suivant le principal. Ce droit ne constitue pas la fonction ; mais si celle-ci a pu valablement se prolonger au delà du terme fixé pour son expiration, comment en serait-il autrement des divers attributs de la fonction, comme le droit de porter l'uniforme et de chasser à courre pour tenir les chiens en haleine ? Nous pensons donc que dans le cas où la commission serait ainsi tacitement prolongée, le lieutenant pourrait valablement continuer à chasser dans les forêts domaniales.

60. — Il faut donc, pour faire cesser les fonctions des lieutenants, que leur remplacement leur soit signifié en la forme administrative, même par simple lettre, ou même qu'il soit prouvé qu'ils ont eu connaissance de leur remplacement par un document quelconque, le Recueil des actes administratifs, par exemple, ou par l'entrée en exercice de leur successeur.

§ 3 — *Obligations et avantages des lieutenants de louveterie.*

61. **Obligations.** — *Équipage.* — Les lieutenants sont tenus d'avoir un équipage composé d'au moins quatre hommes et quatorze chiens : un piqueur, deux valets de limier et un valet de chiens, quatre limiers et dix chiens courants.

Cet équipage, que l'ordonnance de 1814 considère comme un *minimum*, est fort difficile à trouver aujour-

d'hui. Le nombre des chiens courants n'est pas trop
considérable ; et les chasseurs savent qu'il faut au
moins une meute de cette importance pour en imposer
à un vieux loup ; mais les limiers ayant l'expérience du
loup sont chers et difficiles à rencontrer ; plus coûteux
et plus rares encore sont les services de leurs conduc-
teurs et des piqueurs expérimentés. Dans la plupart
des circonstances, un bon limier conduit par un bon
piqueur est suffisant, avec un valet de chiens, pour
tenir la meute. L'administration use à cet égard d'une
grande tolérance ; mais il faut se rappeler que la chasse
au loup est un art difficile qui n'appartient pas au
premier venu.

62. — Les hommes de l'équipage ne sont investis
d'aucune attribution de service public ; ils sont simplement les employés du lieutenant, qui en est, en
qualité de maître, civilement responsable, conformément à l'article 1384 du code civil [38].

Le piqueur, bien qu'il ait droit à un uniforme,
ne reçoit pas de commission officielle. Il ne peut remplacer le lieutenant, ni recevoir de lui délégation pour
remplir tout ou partie de ses fonctions [62]. Son rôle
consiste :

1° A faire le bois, c'est-à-dire à détourner la bête ;
2° A exercer l'équipage dont il est le chef ;
3° A surveiller les piéges et les tendeurs ;
4° A rechercher les portées de louves.

63. Avantages accordés aux lieutenants. — Ces privi-

léges, bien réduits depuis que la mise en ferme a remplacé, pour les chasses de l'État, le système des permissions, sont au nombre de trois :

1° L'exemption du permis de chasse ;

2° Le droit à un uniforme ;

3° Le privilége de chasser le sanglier, deux fois par mois, dans les forêts de l'État.

64. Permis de chasse. — Les lieutenants et leurs pi-queurs sont dispensés du permis de chasse quand ils ne font que chasser dans leurs fonctions, ou quand ils commandent les battues autorisées par les préfets. Mais leur qualité n'est pas, à elle, seule une cause de dispense de cet impôt, quand ils veulent se livrer, en dehors de leur mission, au plaisir de la chasse. Cette question, qui a divisé les auteurs, a en réalité fort peu d'intérêt pratique [22].

65. — L'équipage des lieutenants n'a reçu aucune exemption de la loi du 21 mai 1836 sur la prestation des chemins vicinaux, ni de celle du 2 mai 1855 sur la taxe municipale des chiens, ni enfin de celle du 2 juil-let 1862 sur les chevaux et voitures de luxe, remise en vigueur en 1871.

Il ne saurait en être autrement.

La loi de 1836 n'imposant la prestation qu'aux che-vaux et voitures qui sont au service de la famille ou de l'établissement dans la commune, le conseil d'État en a déduit que les chevaux et voitures possédés par les fonctionnaires, en conformité des règlements admi-

nistratifs, ne sont pas compris dans cette détermination [100]; or, les lieutenants ne sont ni fonctionnaires, ni
assujettis à avoir des attelages.

La loi de 1862 exempte de la taxe les chevaux et
voitures possédés en conformité des règlements mili-
taires ou administratifs, et aucun règlement n'impose
aux lieutenants l'obligation d'avoir un équipage de
chevaux. Toutefois, dans les cas où leurs chevaux et
voitures seraient employés partie au service de l'agriculture ou d'une industrie sujette à patente, ils pourraient réclamer l'exemption que la loi accorde à tous
les contribuables.

Enfin, la loi de 1855 et le règlement d'administration publique du 4 août 1855 autorisent deux catégo-
ries de taxes municipales sur les chiens et classent
dans la première ceux qui servent à la chasse. Il y a
sans doute quelque chose d'anormal à voir les communes percevoir un impôt sur des chiens qui sont
entretenus dans l'intérêt de la généralité des habitants
et il y a lieu de regretter que le conseil d'État ait refusé d'appliquer à cette matière, dans les réclamations
qui lui ont été soumises en 1858 et en 1862, la distinction entre la chasse et la destruction des animaux
nuisibles admise par la cour de cassation, ce qui aurait
permis de classer dans la seconde catégorie les chiens
des louvetiers, quand ils servent exclusivement à leur
service. En fait, le conseil d'État avait justement appliqué la loi, car dans ces deux affaires, il était constaté
et non contesté que les chiens avaient servi à la chasse,

et le décret de 1855 dispose que leur usage mixte classe les chiens dans la première catégorie [191]. Il n'y aurait donc quelque chance pour les lieutenants de faire ranger leurs chiens dans la seconde catégorie, que s'ils servaient exclusivement à la destruction des animaux nuisibles, ce qui serait alors sans intérêt bien appréciable.

66. Uniforme. — L'ordonnance de 1814 donne aux lieutenants le droit à un uniforme qui est permis et non obligatoire. Ce règlement leur rétablit le droit de porter les couleurs royales que les commissions des anciens louvetiers leur conféraient déjà [192] et que nos vicissitudes politiques n'ont pas modifié depuis 1814.

67. Chasses privilégiées au sanglier. — Elles consistent dans le droit de chasser à courre le sanglier, deux fois par mois, dans les forêts de l'État, mais dans le temps seulement où la chasse est permise, et sans pouvoir le tirer autrement que s'il fait tête aux chiens.

Ce droit, qui s'étendait au chevreuil brocard et au lièvre, en 1814, et qui a été réduit au sanglier en 1832 et au temps où la chasse est permise, en 1845, a pour but de tenir en haleine l'équipage du louvetier. Il faut bien reconnaître que la défense de conduire les chiens, pendant le temps où la chasse est défendue, enlève à ce privilége son but et son utilité.

Quoi qu'il en soit, il ne s'agit que d'une chasse à courre dans laquelle le tir n'est permis que pour dé-

fendre les chiens, si la bête leur tient. (Ord. 20 août
1814, 24 juillet 1832 et 20 juin 1845.)

68. — De ce que l'exercice du droit de chasse accordé aux lieutenants dans les forêts domaniales n'est
pas un acte de leurs fonctions, et de ce que ce droit
lui-même est une espèce de salaire, de récompense de
la fonction, il faudrait conclure que ce droit ne peut
être exercé sans permis de chasse. Ceux qui achètent
à prix d'argent le droit de chasser dans les forêts de
l'État sont obligés de payer cet impôt; à plus forte
raison en devrait-il être de même pour ceux qui l'ob-
tiennent à titre gracieux ! Mais que l'on veuille bien
remarquer que l'un ne va pas sans l'autre. Il serait
singulièrement capricieux d'avoir en même temps la
dispense d'un côté et l'obligation de l'autre. Autant van-
drait priver du seul avantage de ses fonctions celui qui
s'y consacrerait tout entier et serait ainsi dispensé du
permis. De tels caprices ne sont jamais dans l'esprit
des lois, et il faut bien admettre que le permis de
chasse ne saurait être imposé aux lieutenants pour
leurs chasses privilégiées pas plus que pour leurs chasses officielles [105].

69. — L'exercice de cette faculté de chasse soulève
quelques questions dont la solution est facilement donnée par les principes de la matière.

Le lieutenant ne peut se faire accompagner de ses
amis et les conduire à cette chasse [104]. Ils ne font
pas partie de l'équipage qu'il s'agit d'exercer. Il est
admis d'ailleurs que les attributions des lieutenants ne

doivent point être détournées de leur but dans un intérêt purement voluptuaire ; ce principe devra s'appliquer *a fortiori* quand il s'agit d'un privilége tout personnel.

70. — Mais le lieutenant pourrait fort bien envoyer son piqueur mener cette chasse. Il fait, en effet, partie de l'équipage qui doit être exercé, aussi bien sous le rapport de la sagacité des gens que du jarret des bêtes [105]. Si le contraire paraît s'induire d'un arrêt de la cour de Nancy du 31 janvier 1844, c'est que le piqueur s'était donné le plaisir d'inviter ses amis, faculté qui ne saurait évidemment lui être accordée [106].

71. — En cas de contravention, les personnes autres que celles de l'équipage, qui accompagneraient le lieutenant à cette chasse, s'exposeraient à commettre le délit de chasse sur le terrain d'autrui, sans le consentement du propriétaire. Quant au lieutenant, il s'est placé en dehors des conditions où la loi l'autorisait à chasser sur le terrain d'autrui. Le consentement qui rendait licite son action n'existe plus, par suite de l'inobservation de la condition ; peu importe que cette condition et ce consentement résultent de la loi ou d'un contrat, puisque la situation est librement acceptée par la délivrance de la commission. La condamnation atteindra donc le lieutenant comme comme elle atteindra ses amis.

La bonne foi et l'intention ne seront une excuse pour personne ; il s'agit ici d'une véritable chasse [39] et non de la destruction des animaux nuisibles. Tous seront, non complices, mais coauteurs; tous seront condamnés solidairement [107] : c'est fort dur !

Il est entendu toutefois que, si le lieutenant chasse irrégulièrement avec des amis, les gens de son équipage, piqueurs et valets, ne seront pas punissables. — La jurisprudence admet des auxiliaires pour la chasse [108]. — Ils ne deviendraient punissables que si par leur attitude ou leur intention ils se montraient complices du délit [109].

Il est entendu aussi que, relativement aux invités du lieutenant, la loi de 1844 ne punit pas les simples spectateurs non armés et ne défend pas le plaisir de voir les belles chasses [110]. Ce sera une question de fait qui n'est pas toujours facile à résoudre dans la chasse à courre. Elle pourra, comme pour les auxiliaires, rendre possible l'examen de la complicité.

72. — Le lieutenant n'aurait pas le droit de suite, c'est-à-dire le droit de continuer à poursuivre, en dehors de la forêt de l'État, le sanglier lancé par ses chiens [111]. Il s'agit, en effet, d'un privilége de chasse qui n'est accordé que dans la forêt de l'État, et l'ancien droit de suite a été abrogé par l'article 11 de la loi de 1844 [112]. Les tribunaux n'auront que la faculté d'excuser le délit de chasse, en tant qu'il résulterait du passage des chiens en état de suite, sans avoir celle de priver les propriétaires de l'action en dommages-intérêts pour les conséquences de ce passage.

73. — On s'est demandé si la faculté de chasser

le sanglier deux fois par mois, qui est suspendue pendant le temps de fermeture, l'est aussi pendant le temps de neige, lorsque le préfet a suspendu l'exercice de la chasse dans cette circonstance.

Les termes généraux qui se trouvent dans l'ordonnance de 1845 ne paraissent pas permettre de laisser chasser les lieutenants dans cette dernière circonstance. Il ne faut pas oublier que cette ordonnance a été rendue après la loi de 1844, en parfaite connaissance de la valeur des termes dont la loi se sert. Il s'agit ici, non de la destruction d'un animal nuisible, mais de la chasse elle-même; et il est bien difficile d'admettre une exception à une défense que le préfet a faite, conformément à la loi, et qui doit être, comme la loi, égale pour tous [73]. Le gouvernement lui-même ne pouvait donner aux permissionnaires de chasses dans les forêts de l'État, en 1844 comme aujourd'hui, que la faculté de chasser conformément à la loi, et l'ordonnance de 1845 n'a fait que donner une interprétation officielle à l'obscurité de l'ordonnance de 1814.

L'administration avait dès 1840 donné ce sens aux ordonnances de 1814 et de 1832 [92], et les tribunaux interpréteraient ainsi celle de 1845, si la question leur était posée.

74. — Le droit de chasser deux fois par mois ne se reporte pas à un autre mois, c'est-à-dire que si, dans un des mois de la saison de chasse, le lieutenant n'a pas chassé ou n'a chassé qu'une fois, il ne pourra prétendre chasser, le mois suivant, quatre fois ou trois fois.

Il y aurait là, en effet, une extension de faveur qui ne se présume pas, quand il s'agit d'un privilége. Celui-ci, d'ailleurs, serait détourné de son but, qui est de tenir les chiens en haleine par deux chasses mensuelles, s'il pouvait être négligé pendant un temps et augmenté ensuite jusqu'à causer la fatigue.

75. — Mais, par contre, si les chiens ont été tenus en haleine par le travail de chasses officielles, effectuées d'une manière continue pendant un certain temps, le lieutenant ne serait pas privé, par ce fait, du privilége qu'il a de les conduire deux fois par mois dans les forêts de l'État. Il s'agit d'un droit qui lui est donné précisément en retour de son travail; c'est, du reste, tenir les chiens en haleine que de varier la nature de leurs chasses [113].

76. — On peut se demander aussi si le lieutenant doit prévenir l'administration forestière des jours où il veut chasser dans la forêt de l'État. Sans aucun doute, l'avis qu'il donnera au représentant de l'État sera toujours un acte de parfaite courtoisie, mais rien ne l'y oblige. La surveillance forestière, qui est obligatoire pour les chasses officielles, ne saurait l'être pour les chasses privilégiées; le lieutenant ne serait nullement en délit, s'il ne provoquait pas cette surveillance, ou si, l'ayant provoquée, elle n'était pas exercée. Il s'agit ici de l'exercice d'un droit accordé au lieutenant et non d'un des devoirs de sa profession.

Le droit n'existerait plus s'il était subordonné à une surveillance que l'agent forestier pourrait refuser d'exercer. Le devoir se manifeste au contraire par la présence d'un contrôle qui rassure les tiers. Les gardes forestiers sont, du reste, présumés être toujours en tournée dans leur triage; à quoi bon une surveillance spéciale, puisqu'elle existe toujours et que l'agent forestier ne doit rien ignorer de ce qui se passe en forêt [114]?

Quant aux adjudicataires des chasses, ils peuvent surveiller ou faire surveiller; mais là se borne leur droit, comme celui de l'administration elle-même. Aucune règle autre que celle des convenances n'oblige le lieutenant à les prévenir du jour où il veut exercer son droit de chasse.

77. — L'article 18 de l'ordonnance de 1814 oblige les lieutenants à rendre compte à l'administration des sangliers forcés dans ces chasses privilégiées. Nul doute que cette mesure de convenance ne s'applique à ceux qu'ils auraient été obligés de tuer pour défendre leurs chiens. Aucune peine n'est attachée à l'inobservation de cet article. Le savoir-vivre des lieutenants ne l'a jamais rendue nécessaire.

78. — Le sanglier forcé ou tué appartiendrait au lieutenant; car le gibier, *res nullius* de sa nature, appartient non au propriétaire de la chasse, mais à celui qui s'en empare [115]. Le droit romain est encore, sur ce point, la règle de la matière, et la cour de cassation ne déciderait certainement plus aujourd'hui, comme elle l'a fait en 1843 dans les considérants d'un arrêt, que le concessionnaire du

droit de chasse dans une forêt est assimilé au propriétaire et a droit à la propriété de tout animal tué par
un tiers dans la forêt.

79. — Les adjudicataires sont prévenus par leur
cahier des charges de la réserve faite au profit des
lieutenants. Il savent très-bien qu'il ne s'agit pas
d'une battue à laquelle ils sont tenus de concourir, et
si le lieutenant n'est pas leur sociétaire dans la location des chasses, ils ont la discrétion de ne pas mêler
leurs chiens aux siens sur le même terrain ou le même
jour. Mais enfin il y a des rivalités qui obligent à
tout prévoir. Qu'arriverait-il si les adjudicataires
voulaient s'opposer à la chasse des lieutenants ? Rien
de plus simple : on constate leur refus et on passe
outre ; il s'agit d'un droit donné par la loi et méconnu
par autrui ; c'est une question de dommages-intérêts.

Qu'arriverait-il également si les adjudicataires voulaient s'imposer à la chasse du lieutenant et la lui
rendre impossible en mêlant leurs chiens aux siens,
par une chasse exécutée dans le même canton ?

Le plus souvent, les choses s'arrangeront par une
entente faite sous les auspices de l'administration des
forêts ; elle doit savoir employer son autorité à mettre
fin à une situation pleine d'inconvenance, et tous les
chasseurs s'honorent d'une parfaite urbanité. Nous ne
devons examiner que le droit en lui-même.

Si, par exemple, les adjudicataires se mettent à
chasser une bête détournée par le lieutenant, ou pre-

naient méchamment plaisir à gêner ses chiens par une chasse sur le même terrain, si, en un mot, par leur conduite, les adjudicataires rendaient impossible au lieutenant l'usage de son droit de chasse, il arriverait tout simplement qu'ils n'exécuteraient pas la clause de leur cahier des charges [116]. Le lieutenant est sans qualité pour les y contraindre, car il n'est pas partie au contrat ; mais il aurait fort bien l'action en dommages-intérêts contre les importuns qui viendraient entraver un droit né de la loi.

Quant à l'obligation tirée du cahier des charges, le devoir de la faire respecter incombe à l'administration forestière, qui se trouve alors en présence de deux droits et d'un désaccord sur leur exercice. Relativement au droit des adjudicataires, l'administration n'a point autorité de commandement, parce que le débat porte sur une convention bilatérale et que l'appréciation d'un contrat du droit civil, même passé en la forme administrative, est réservée aux tribunaux ordinaires, seuls compétents pour les contestations nées de sa mise en exercice. Relativement au lieutenant, le Directeur général des forêts est un chef hiérarchique chargé de régler l'exercice de ses fonctions, mais non celui d'un droit donné comme salaire par une ordonnance royale. Il ne pourrait donc lui fixer les jours et les cantons où se fera sa chasse [117]. Le seul procédé pratique consisterait à dresser contre l'adjudicataire chassant sur le même terrain que le lieutenant, un procès-verbal de délit pour chasse faite contrairement à une condition librement acceptée (art. 11 de la loi de 1844), sauf au tribunal à examiner jusqu'à quel point les faits constituent une contravention aux clauses du cahier des charges et à fixer ainsi, d'une manière indirecte, les conditions suivant lesquelles le droit devra s'exercer.

89. — L'adjudicataire a donc le droit d'assister à la chasse du lieutenant et de la surveiller. Faut-il se demander si cet adjudicataire, surveillant en armes un laisser-courre, aurait le droit de tirer le sanglier, sous le prétexte qu'il paye les chasses et que le lieutenant n'a pas le droit de tirer ? C'est supposer une impolitesse tout-à-fait improbable, et je ne poserais certainement pas la question si elle n'avait pour résultat de vous donner la mesure exacte du droit des lieutenants.

Le fait de tirer devant les chiens d'autrui a été et sera toujours considéré comme une suprême inconvenance dont ne se rendront jamais coupables les chasseurs qui se respectent ; mais la cour de cassation décide que le chasseur qui tient un animal devant ses chiens n'en devient propriétaire que lorsqu'il l'a tué, ou au moins mortellement blessé. On a pu dès lors penser qu'il n'y a point de *délit de chasse* dans le fait du chasseur qui, posté sur son terrain, dont il interdit l'entrée aux autres, tire un animal sauvage qui y pénètre, quand bien même cet animal serait suivi par les chiens d'autrui.

La situation que j'ai supposée, celle de l'adjudicataire vis-à-vis du lieutenant, a du moins le mérite d'être nettement délictueuse. Elle dispense d'entrer dans l'examen de la question de propriété du gibier. Le lieutenant a le droit de chasse à courre ; l'adjudicataire s'est engagé à respecter ce droit. S'il vient à arrêter la chasse, en tirant le sanglier, il viole le droit du lieutenant, il commet le délit de contravention aux clauses de son cahier des charges. L'article 11, n° 5, de la loi de 1844 lui est clairement applicable.

81. — Les forêts de l'État dans lesquelles le lieutenant peut exercer ses chiens sont celles de sa circonscription.

S'il y a deux ou plusieurs lieutenants dans un arrondissement, l'administration des forêts, en les instituant, leur fixe naturellement une circonscription pour l'exercice de leurs fonctions officielles. Leurs droits sont, par cela même, délimités et les conflits évités entre eux (v. n° 55). C'est un des cas dans lesquels le Directeur général use de la faculté conférée au grand-veneur de déterminer les fonctions et non les droits des lieutenants. (Art. 2, ord. 20 août 1814.)

82. — Il est évident que dans les forêts dont le lieutenant est lui-même fermier ou co-fermier, son privilège se confond avec le droit dont il est acquéreur. Les restrictions dont nous venons de faire l'analyse sont alors sans objet.

§ 4. — *Fonctions des lieutenants de louveterie.*

83. Service intérieur. — Le travail des lieutenants est

surtout extérieur. Ce n'est qu'aux fonctionnaires administratifs qu'il peut être question de demander un service intérieur ou de bureau. Cependant, ils ont même de ce côté quelques obligations à remplir, dont je vais vous parler tout d'abord.

Comme travail de cabinet, je vous signale :

1° Les propositions de battues qu'ils ont le devoir de faire quand ils le jugent utile. (Art. 11, ord. 20 août 1814.) Il n'est nul besoin que leur demande soit adressée au conservateur par la voie hiérarchique ; l'ordonnance de 1814 les autorise à gagner du temps en l'envoyant directement au préfet ; mais peut-être ce temps serait-il mieux gagné si la demande arrivait au préfet accompagnée de l'avis du conservateur. C'est une question de pratique administrative et surtout de circonstances.

2 Les rapports qu'ils doivent adresser à l'administration relativement à la destruction des loups ; leur savoir peut être utilement mis à profit dans cet intéressant champ d'études. Art. 8.)

3° Un état annuel de leurs prises. (Art. 13.)

Ce travail de statistique était jadis bien plus considérable ; il embrassait jusqu'à trois natures d'états, et les lieutenants devaient adresser, savoir :

Journellement, un état des loups tués dans la lieutenance (art. 13), pour permettre la délivrance des primes.

Tous les trois mois, un état des loups présumés fréquenter les bois de la lieutenance (art. 14), pour servir de base aux ordres de battues qui devaient être commandées tous les trois mois. (Arrêté du 19 pluviôse an V.)

Tous les ans, un état général de leurs prises (art. 13), pour servir au rapport annuel que le grand-veneur mettait chaque année sous les yeux du roi (art. 20.)

84. — Ces états, qui étaient adressés jadis au grand-veneur, sont maintenant envoyés au Directeur général des forêts, par l'intermédiaire des agents locaux. Il faut bien reconnaître que l'administration des forêts a réduit cette partie du travail des lieutenants à sa plus simple expression en ne leur demandant qu'un état annuel, qui ne comporte qu'une seule ligne d'écriture et dont la formule leur est envoyée toute préparée [92]. Mais leurs trop rares communications sur un service plein d'intérêt ne sont jamais dédaignées.

85. — Les préfets devaient, de leur côté, envoyer au ministère dont ils relèvent les mêmes états, c'est-à-dire la situation des loups tués journellement et celle des loups présumés fréquenter les circonscriptions. Depuis 1851, ces états, destinés à contrôler ceux des lieutenants, ont été supprimés [118].

86. Service extérieur. — Les fonctions extérieures des lieutenants sont de trois sortes ; elles consistent :

1° A commander des battues générales ou particulières ordonnées par le préfet. (Art. 11.)

2° A exécuter des chasses particulières au loup. (Art. 8 et 9.)

3° A tendre des piéges contre les loups et les animaux nuisibles. (Art. 7 et 9.)

Je traiterai ce qui est relatif au commandement des battues quand je vous parlerai spécialement de cette mesure de destruction des animaux nuisibles, parce que les lieutenants en sont les commandants habituels, mais non essentiels. Avant de vous donner des explications sur les deux dernières fonctions, je ne saurais trop vous rappeler que les règles qui les dirigent sont inapplicables au cas où le lieutenant chasse en temps permis sur ses terres ou sur celles des propriétaires dont il a obtenu le consentement; mais que, pour bien en saisir la portée et l'étendue, il faut toujours faire abstraction de ce droit de chasse, et se placer au contraire en face du droit des tiers que le pouvoir des lieutenants a pour résultat d'exproprier. (n°ˢ 11 et 18).

87. Chasses officielles. — Les chasses particulières sont l'objet principal des fonctions du lieutenant, de son office, comme on disait jadis. Elles méritent d'être étudiées en détail. Nous mettrons de l'ordre dans cette étude, en examinant successivement l'objet de ces chasses, leurs préliminaires, les chasses elles-mêmes et leurs résultats.

88. Objet. — Les chasses officielles ne peuvent avoir que le loup pour objet. Cette restriction a été critiquée par des auteurs qui ont voulu étendre le droit des lieutenants à tous les animaux nuisibles tels que nous les avons définis (n° 16), et même à tous les animaux classés comme malfaisants par le préfet, en vertu de l'article 9 de la loi de 1844. Cependant, si l'on veut bien considérer le texte de l'ordonnance, on verra qu'elle ne désigne que le loup en parlant de ces chasses, — que les procédés autorisés sont exclusivement applicables à cet animal, — que le fait de découpler, qui serait la règle d'une chasse ordinaire, est une exception très-bien motivée, — et enfin qu'il n'est parlé des animaux nuisibles, en général, qu'en ce qui concerne les piéges. (Art. 7 et 8.) On sera convaincu alors que la permanence du droit accordé par la commission ne se justifie que par la défense de chasser, en vertu de cette seule commission, les animaux autres que le loup [119].

89. Préliminaires. — Les lieutenants n'ont nul besoin d'une autorisation du préfet pour entreprendre une chasse au loup. Leur commission est une autorisation permanente d'agir, leur devoir les y oblige, et il ne faut pas confondre leurs chasses officielles avec les battues [120].

Voilà leur droit vis-à-vis des tiers ; mais vis-à-vis du pouvoir administratif, auquel ils sont rattachés, ils doivent se conformer aux règles d'une dépendance hiérarchique, sans laquelle aucune fonction n'est possible. Ils peuvent donc recevoir des agents forestiers des ordres de service relativement à ces chasses. (Voir n°ˢ 49 et suiv.) L'administration forestière leur laisse la liberté la plus entière. L'appel fait à leur science n'est profitable qu'à cette condition.

90. — Le travail des lieutenants et leurs chasses peuvent avoir lieu dans toutes les propriétés ouvertes, quels que soient leur nature et leurs propriétaires. Cela résulte suffisamment du but de la louveterie et des termes de l'ordonnance de 1814 : « dans les endroits que fréquentent les loups.... » [121] (Art. 8.)

Il n'est pas nécessaire de prévenir les propriétaires ; si on le fait, ce n'est que par un esprit de convenance, que le morcellement des propriétés rend souvent impraticable [122].

91. — Les lieutenants peuvent chasser le loup toute l'année, avec toutefois certaines modifications dans les procédés, selon les saisons. Mais ce qu'ils peuvent et doivent faire uniformément toute l'année, c'est détourner les loups et rechercher les portées de louves. (Ord. de 1814, art. 8 et 9.)

92. — Détourner la bête, faire le bois, quêter, faire l'enceinte, sont des expressions synonymes qui désignent l'acte de vénerie par lequel on s'assure que l'animal que l'on doit chasser n'est pas sorti d'un canton déterminé. Cette opération se pratique à l'aide d'un limier tenu au trait, c'est-à-dire à une lanière de cuir attachée à un collier d'une forme particulière, pour empêcher le chien de donner de la voix quand il rencontre. Les entrées et les sorties se marquent par une branchette brisée posée à terre, la pointe dans le sens de la marche de l'animal. Il faut un certain tra-

vail et une grande expérience pour faire le bois convenablement ; il ne faut que de l'indélicatesse pour
aller sur les brisées des autres.

Ces deux opérations : détourner et rechercher les
portées des louves, peuvent être faites par le lieutenant lui-même, par le piqueur, par les gens de l'équipage ou par les veneurs qui aiment à aider le lieutenant dans son travail. Les termes de l'ordonnance sont
formels : « ils doivent *faire* détourner, *faire* rechercher.... » (Art. 9).

93. — Ils n'ont pas besoin, pour ces opérations, de la
surveillance des agents forestiers, c'est-à-dire que leur
travail est licite dans les propriétés d'autrui, quand
bien même ils ne sont accompagnés d'aucun représentant du service forestier. Certains tribunaux ont déjà
décidé que faire le bois, ce n'est pas chasser, et que
cet acte ne saurait être un délit de chasse [123]. En fût-
il un, tant que les chiens ne sont pas mis en forêt et
que les chasseurs ne sont pas sur le terrain, il n'y a
aucun intérêt à protéger, aucune raison pour rendre
la surveillance nécessaire. C'est aux propriétaires à
veiller à ce qu'il ne soit pas passé outre [124].

Quant aux portées, on connaît bien vite leur existence par les allures et le travail de la louve dans les
environs. Ce ne saurait être une occasion d'abus pour
les propriétaires que d'arracher à leur lit de méchants
louveteaux qui ne sont bons qu'à être étranglés par le
limier qui a conduit dessus. Le louvart se comporte
autrement ; il sait déjà se faire chasser.

Nous avons indiqué (n° 37) que le jeune loup cesse d'être louveteau quand il s'affranchit de la tutelle de ses parents. C'est à ce moment que le lieutenant ne peut plus le faire rechercher par ses gens et que la surveillance forestière devient nécessaire pour le chasser.

94. Chasse. — L'animal une fois détourné doit être attaqué le plus tôt possible; il n'attend pas. Faut-il, pour entreprendre cette chasse, la surveillance effective d'un employé de l'administration forestière? Grosse question, que l'ordonnance de 1814 ne résout qu'implicitement et qui a passionné les chasseurs jusqu'au point de leur faire dire qu'avec cette formalité, il n'y a pas de louveterie possible.

Il ne faut cependant pas hésiter à se prononcer dans le sens de l'indispensable nécessité de la surveillance forestière [125].

La nature de la mesure qui doit s'effectuer dans les propriétés particulières indique elle-même que la seule garantie autorisée par la législation sur les animaux nuisibles ne doit pas être négligée. Le texte même de l'ordonnance de 1814 oblige les lieutenants à faire entourer les enceintes par les *gardes forestiers*, sans distinction de la nature des propriétés dans lesquelles il opère. Cette obligation ne signifie pas autre chose que la nécessité de la surveillance, puisqu'elle assigne aux gardes la seule place où ils peuvent réellement surveiller; seulement, cette ordonnance, faite avec une grande connaissance de l'art de la chasse, rend suffisante la surveillance des gardes, sans exiger celle des agents ni leur délégation. Cette latitude est dans la nature des choses ; le loup détourné ne saurait attendre qu'on aille à la ville voisine chercher un employé supérieur des forêts.

95. — Jusque-là, tous les auteurs sont d'accord ; mais certains vont jusqu'à prétendre que, quand le lieutenant a prévenu le garde forestier, il a rempli toutes ses obligations : si celui-ci ne peut ou ne veut l'accompagner, il peut passer outre et procéder à la chasse, sans violer le droit des propriétaires des chasses. Ces auteurs se fondent sur ce qu'il ne saurait dépendre du caprice ou des occupations d'un garde de paralyser le devoir des lieutenants et de rendre leur institution illusoire ; — sur les termes de l'ordonnance dans laquelle l'entourage des enceintes et l'attaque suivent immédiatement le mot détourner, comme pour montrer qu'ils n'ont dans l'intervalle aucune formalité à remplir ; — enfin sur les arrêts Schmidt, dans lesquels on voit que leur commission leur confère un mandat permanent d'agir.

Ces raisons sont plus spécieuses que fondées ; toute la question revient à savoir si les lieutenants ont un chef et s'ils dépendent d'une branche de nos services administratifs, ou si, au contraire, ce sont les services publics qui dépendent d'eux et de leur commission.

La question de savoir s'il faut à leurs chasses la surveillance forestière pour la garantie des droits des tiers ne se discute plus ; la jurisprudence est unanime sur ce point [125]. La seule qui restait à résoudre consistait à savoir s'ils peuvent commander les agents chargés de cette surveillance. Vous savez maintenant quelles sont les puissantes considérations de droit qui ont déterminé la cour de cassation à voir dans l'ordonnance du 14 septembre 1830 les règles de la hiérarchie des lieutenants [126].

Il faut en déduire que cette surveillance est indispensable pour légitimer leurs chasses ; que si le garde forestier ne peut, par un motif quelconque, accompagner le lieutenant, celui-ci n'a rien autre chose à faire qu'à rester chez lui. Est-ce à dire que ses fonctions sont illusoires ? Ce serait supposer que les représentants d'une grande administration auraient en mince souci et le sentiment de leur devoir et l'intérêt des populations, si, par un pur caprice, ils cherchaient à entraver l'utile service des lieutenants. N'ont-ils pas eux-mêmes des chefs près desquels la réclamation sera entendue et qui sauront les rappeler au devoir : le forestier d'accompagner le lieutenant, celui-ci de détruire les loups ? Le Directeur général des forêts n'a-t-il pas pris soin de désigner, à l'avance, le chef supérieur chargé d'écouter les réclamations [99] ?

Quant au loup, il est bien certain qu'il n'attendra pas que la réclamation toute administrative soit jugée, mais on s'entendra pour l'avenir et messire loup se retrouvera. Qui empêche, en effet, le lieutenant soigneux de son métier, désireux d'obtenir des résultats,

de s'entendre avec l'agent forestier, de lui demander
d'envoyer au commencement de la saison des instructions à ses gardes? S'il y a peu de préposés forestiers
dans la localité, on pourra prendre des mesures pour
ce service spécial [127]. Le désir d'être utile n'a jamais
manqué aux forestiers : les bonnes relations, la poste
et le télégraphe feront que bien peu de loups échapperont à l'attaque le jour même ou le lendemain du
jour où ils ont été détournés. C'est tout ce que saint
Hubert aurait exigé.

96. — Revenons à notre chasse :

Les procédés d'attaque, ou pour parler plus légalement, les modes de chasse varient avec les saisons. En
temps ordinaire, le lieutenant attaquera avec l'équipage; en temps défendu, à trait de limier.

La chasse au loup est difficile; l'animal est d'une
prudence extrême; au moindre symptôme, il détale.
Il n'existe pas de meute capable de le forcer; les relais
les mieux combinés ne viendraient pas à bout de ses
jarrets d'acier. Les rédacteurs de l'ordonnance de
1814 ont indiqué, en gens qui s'y connaissent, les
procédés de chasses.

En toute saison, l'animal étant détourné, le lieutenant fera entourer les enceintes par les gens de son
équipage, par les gardes forestiers, par des amis même,
si cela est nécessaire [128].

Tous peuvent tirer au lancé, c'est-à-dire quand
l'animal, vidant l'enceinte, passera à portée. Le loup
est si rapide, si prompt à se décider, que, dès le moin-

dre rapproché, il vide le canton. Le plus souvent, il
sera inutile de découpler ; la sonnerie du piqueur, la
voix des chiens le feront sortir du bois. La meute ne
sera réellement utile que contre un louvart ou un
loup déjà blessé ; c'est au lieutenant à aviser et à décider ce qu'il doit faire. C'est une vérité de chasse,
transformée en vérité de droit par l'ordonnance de
1814, qu'on ne peut jamais forcer un loup. Voilà l'attaque par l'équipage, la chasse telle qu'elle peut être
faite dans la saison d'ouverture.

97. — En dehors de cette saison, il n'est plus permis
de découpler : on craint la dent des chiens pour tout
ce qui est jeune et tendre dans le fauve de la forêt. Le
valet de limier s'engage sur la brisée avec le chien
tenu au trait et suit la voie jusqu'au moment où cette
attaque muette force le loup à vider l'enceinte ; ceux
qui sont postés le tirent au passage. Voilà l'attaque à
trait de limier, la seule permise en temps de fermeture.

98. — Examinons maintenant les questions que ces
dispositions de la loi peuvent faire naître.

Il est bien certain que le lieutenant peut en toute
saison se faire assister et amener des amis ou des
auxiliaires pour garder les enceintes : cela résulte de
la composition de l'équipage et des mots « faire tirer »
qui se trouvent dans l'article 8. L'administration des
forêts le reconnaît dans ses instructions [128]. Si ces
expressions ne se trouvent pas dans l'article 9, il n'en
est nul besoin : la nature de la chasse, alors plus difficile, exige un plus grand nombre d'auxiliaires.

Il est bien certain aussi que les gardes peuvent tirer, c'est un acte que la loi encourage [128].

99. — Les propriétaires ne sauraient point élever de critique à l'égard du nombre et du choix des auxiliaires. Cela constitue la pratique même de la chasse et n'est pas autre chose que l'exercice même de la surveillance légale. Le lieutenant ne peut, en effet, amener, de sa seule autorité, autant d'amis qu'il veut [115].

Il ne pourrait non plus employer ses auxiliaires à faire une battue, c'est-à-dire les mettre sous bois, en ligne continue, pour faire sortir tout ce qui s'y trouve [130]. La battue est en elle-même un mode de chasse destructeur; son emploi apporte au droit des tiers une atteinte grave qui exige d'autres formalités. La chasse deviendrait alors délictueuse et les propriétaires pourraient se plaindre, parce que la surveillance serait illégitimement exercée. Remarquons toutefois que la battue au loup n'exige pas un grand nombre de rabatteurs ; l'ancien mot « huée » en caractérise bien la pratique. Les cris de quelques personnes, le cor du piqueur, sans influence sur le gibier lui-même, sont suffisants pour faire sortir un vieux loup. Bien que la véritable battue au loup ne soit pas permise au lieutenant, on ne saurait prétendre qu'il se met en délit s'il envoie quelqu'un en forêt faire un peu de bruit sous le vent. C'est une question de mesure qui paraît fort bien indiquée par les derniers mots de l'article 8, desquels il résulte que le législateur n'ignore pas la difficulté de la chasse au loup.

100. — La surveillance de l'administration forestière est représentée par un garde forestier au moins. Ce garde pourra-t-il s'immiscer dans la pratique de la chasse elle-même, faire découpler, empêcher le lieutenant de donner cet ordre? Nullement. A quoi servirait de faire appel au savoir et à l'expérience d'un grand chasseur et de lui donner commission, c'est-à-dire mandat d'agir? Au lieutenant, la solution des questions techniques; au représentant de l'administration, la surveillance des infractions matérielles : telle est la véritable démarcation des attributions.

Sans parler du cas évidemment rare où un chasseur tirerait sur le gibier, le garde verra fort bien si on emploie des traqueurs, si on transforme la chasse en battue (n° 99), si les procédés de chasse ne sont pas ceux de l'ordonnance, si, en temps défendu, on a découplé, ou si les procédés, même réguliers, ont mis sur pied un sanglier ou tout animal nuisible autre que le loup (n° 88). Il s'opposera à ce que la chasse soit continuée et en dresserait rapport en se retirant, si son autorité était méconnue. Un simple garde verra fort bien aussi si les auxiliaires et les amis du lieutenant ne sont pas en nombre trop considérable et si l'on transforme en partie de plaisir ce qui doit être un travail sérieux (n° 43). Dans le doute, il en référera à ses chefs, qui s'entendront avec le lieutenant et lui adresseront des instructions.

101. — L'ordonnance de 1814 a grand souci des droits de la propriété. Il faut même reconnaître que le procédé de chasse à trait de limier, à la muette, est fort peu efficace [1]. Le limier tenu au trait s'embarrasse dans les taillis, où son conducteur a peine à le suivre : homme et chien se fatiguent inutilement. Un bon chien dressé, mis sur la voie en liberté, donnerait souvent plus de résultat [2]. Mais ce procédé est défendu, ou, du moins, il n'est pas dans les pouvoirs permanents que le lieutenant puise dans sa commission. Nous verrons plus tard qu'il peut être autorisé par une permission spéciale du préfet. Toutefois, le lieutenant aurait fort bien, en vertu de sa commission, le droit de faire vider l'enceinte par un homme suivant la piste à la neige. C'est toujours une chasse à la muette et une conséquence du droit de mettre sur la voie homme et limier. Qui peut le plus, peut le moins [3].

102. — L'ordonnance marque les saisons dans lesquelles les procédés d'attaque doivent varier, par les mots « dans le temps où la chasse à courre n'est plus permise. » Ces mots avaient un sens très-précis jusqu'en 1844, et ont besoin d'être expliqués aujourd'hui. Sous le régime de la loi du 30 août 1790, la chasse en forêt était libre en tout temps, mais sans que les propriétaires pussent employer les chiens courants pendant les temps prohibés, déterminés par les directoires de département, en vertu de l'instruction de l'Assemblée constituante des 12-20 août 1790. La chasse à courre n'était donc plus permise dans les forêts particulières et communales pendant

le temps de fermeture. Dans les forêts de l'État, le grand-veneur, qui avait la chasse dans ses attributions, l'avait fait réduire du 15 septembre au 1ᵉʳ mars pour la chasse à tir, et du 15 septembre au 15 mars pour la chasse à courre (ord. du 20 août 1814-16 octobre 1830).

Ces différentes prescriptions ayant pour but de protéger le gibier et les propriétés, il en résultait que l'attaque à trait de limier était seule permise aux officiers de louveterie du 15 mars au 15 septembre, dans les forêts de l'État, et pendant le temps prohibé, dans toutes les autres forêts. Aujourd'hui la loi de 1844 protége de la même manière tout le gibier, celui des plaines comme celui des forêts, et les préfets ont seuls le droit d'ouvrir et de fermer la chasse d'une manière uniforme, sans distinction entre les natures de propriétés et les procédés de chasse [132]; il en est de même de la faculté qu'ils ont d'en suspendre l'exercice pendant le temps de neige. Les droits du grand-veneur relativement à la chasse sont subordonnés à la loi de 1844. Il faut donc aujourd'hui appliquer l'ordonnance sur la louveterie dans son but et dans son esprit. Le temps pendant lequel l'attaque à la muette sera seule permise, n'est plus limité par des saisons variables selon les propriétés, mais bien par les arrêtés généraux des préfets : ce sera le temps de fermeture des chasses et le temps de neige, si le préfet a défendu la chasse dans cette circonstance. — Quand le *livre des ânes* est ouvert, ce procédé de chasse se justifie

bien mieux qu'à tout autre moment. — Vainement
prétendrait-on que la louveterie est une matière spéciale qui n'a rien de commun avec la chasse et que le
législateur de 1844 a entièrement réservée. Elle a ici
un point commun avec la chasse : c'est la protection
du gibier qu'elle assure par l'indication des procédés
autorisés pour la garantie des droits des tiers. Les
procédés restrictifs, les modes les moins dangereux
doivent être seuls employés pendant tous les moments
de tranquillité qui sont légalement acquis au gibier,
c'est-à-dire pendant tous les temps où la chasse ordinaire n'est pas permise [133].

103. — Si la chasse a lieu dans une forêt domaniale,
les adjudicataires tenus à concourir aux battues, en
vertu de l'ordonnance du 20 juin 1845, ne sont pas
tenus de devenir les auxiliaires du lieutenant dans
son travail particulier [134]. Il ne s'agit pas d'une battue, c'est-à-dire de cette mesure grave à laquelle il
faut appeler du monde, qui ne saurait être mieux choisi
que parmi les intéressés.

Personne du reste ne peut être tenu à assister les
lieutenants et à leur servir d'auxiliaires. Le droit de
réquisition ne leur est plus accordé.

104. — Les adjudicataires peuvent-ils s'opposer à la
chasse? Non, pas plus que s'ils étaient propriétaires de
la forêt [134] (Voir n° 18).

Peuvent-ils la surveiller ou la faire surveiller ? Oui,
s'ils n'ont pas une confiance suffisante dans l'administration! On a toujours le droit de veiller à son bien.

Peuvent-ils enfin s'imposer au lieutenant et se placer malgré lui sur l'enceinte? Non, la liberté du chasseur officiel est entière. Il est fait appel à son savoir et à son art ; ce savoir serait inefficace s'il pouvait être gêné par la présence de brouillons désagréables [135]. L'administration forestière a le droit de limiter, selon les besoins, le nombre des auxiliaires. Le lieutenant mettrait le garde en demeure de signifier aux fâcheux leur exclusion pour cause d'inutilité. J'ai supposé aux adjudicataires de la chasse des sentiments d'inconvenance qui, heureusement, ne se rencontrent jamais.

Mais notre devoir d'étude est d'aller plus loin : quand une chasse au loup se fait dans une localité, le propriétaire du terrain, les adjudicataires des chasses peuvent vouloir s'imposer. Qu'arriverait-il si les injonctions du garde étaient méconnues ? Où est leur sanction? Celle-ci est très-simple : en se retirant, le garde rendrait la chasse délictueuse, et les habitants n'auraient à s'en prendre qu'à eux seuls de l'insuccès d'une mesure rendue impraticable par un zèle irréfléchi. Si l'on est en temps permis, les propriétaires, les adjudicataires des chasses pourront eux-mêmes continuer la chasse sur leur terrain ; c'est le but même de la loi, qui ne veut l'expropriation qu'en cas de négligence des propriétaires.

C'est par ce moyen indirect que les adjudicataires des chasses ont quelquefois paralysé l'action des officiers de louveterie dans les forêts de l'État. On ne saurait les blâmer de vouloir conserver pour eux seuls un plaisir qu'ils payent souvent fort cher : ils ne le pourraient toutefois qu'en temps permis, en se limitant au nombre d'amis autorisé par le cahier des charges et au prix de l'oubli de toutes les convenances.

En toute autre saison, une assistance importune, un concours malveillant accompagné de tapage et de bruits calculés, ne pourraient que paralyser le service des lieutenants, sans profit pour personne. La loi n'a rien prévu pour ces entraves détournées, que les jalousies savent parfois inventer; elle ne pouvait que s'en remettre au bon sens des populations et à une sage entente de leurs intérêts (V. n° 79).

105. — On doit se demander enfin si le piqueur pourrait, en l'absence de son maître, ou par délégation de ce dernier, se livrer aux chasses officielles du loup. Il est évident que non. Il n'a pas reçu de commission, et les honneurs pas plus que le savoir ne se délèguent. L'affirmative aurait pour conséquence de lui permettre, comme à son maître, de faire tirer, c'est-à-dire d'amener des amis avec lui, ce qui est réellement inadmissible [88] (Voir n° 98). Si le lieutenant était empêché, absent ou malade, il pourrait être pourvu à des nécessités pressantes par une permission spéciale délivrée au piqueur par l'autorité compétente. Nous reviendrons sur ce sujet à l'occasion de ces permissions.

106. Résultats. — Si un loup est pris, la prime appartient à celui qui l'a tué (n° 38). L'animal lui appar-

tient aussi, même dans le cas où l'équipage a contribué à le faire prendre. Il y a alors un travail commun, dont le résultat profite non au maître de l'équipage mais à celui qui a donné l'heureux coup de feu. Les principes de saint Hubert voudraient que la bête fût offerte au maître de l'équipage ; ceux de saint Yves ont hésité entre le propriétaire de la meute, les tireurs plus ou moins heureux et ceux qui ont aidé à la capture. Vous laisserez les grands patrons s'arranger entre eux.... [136].

107. — Le lieutenant en chasse a-t-il le droit de suite, c'est-à-dire le droit de passage sur les terres d'autrui, tant qu'il est sur la voie de l'animal ? Il paraît certain que le droit de suite, c'est-à dire le droit de passage sur les terres d'autrui, pour le chasseur et son équipage, à la suite et sur la voie du gibier lancé, existait dans notre ancienne législation ; il a été supprimé implicitement par la loi du 4 août 1789 et virtuellement par celle du 3 mai 1844 (art. 11) [112]. Mais ici le droit de suite importe peu. Il s'agit bien plus d'une mesure administrative que de la chasse. Dans sa lieutenance, l'officier de louveterie peut chasser le loup dans toutes les propriétés ouvertes, à la condition d'être accompagné au moins par un garde forestier. Le droit de suite ne serait utile à invoquer que dans le cas où la surveillance n'existerait pas. Or, la chasse au loup est bien plutôt un travail d'utilité publique qu'une application juridique du droit de chasse. Le lieutenant, qui ne peut transformer ses fonctions en

chasses purement voluptuaires, ne saurait donc pas plus invoquer les anciens attributs du droit de chasse que les nouveaux.

Voici donc ce qui va se passer :

Si un loup s'entête à ne pas se laisser prendre et si un lieutenant s'entête de son côté à le suivre au loin, il devra se faire accompagner du garde forestier ; celui-ci, qui a déjà assisté le lieutenant au début de ses opérations et qui est assurément moins bien monté que lui, peut se trouver à bout de forces et hors d'état de continuer. Le lieutenant devra-t-il s'arrêter et un propriétaire malencontreux pourra-t-il interrompre un si beau travail ? Légalement, oui [137], sauf au lieutenant à passer outre et à courir la chance de voir le tribunal excuser, à raison de ses bonnes intentions, une chasse qui a été régulièrement commencée et qui n'est devenue irrégulière que par une circonstance indépendante de sa volonté (V n° 29).

Quant au garde, s'il a cru pouvoir accompagner le lieutenant en dehors du territoire pour lequel il est assermenté, il sera, comme lui, en danger de poursuites, mais moins que lui en danger de condamnation ; car, en réalité, il ne chasse pas ; il ne fait que prolonger au delà de ce qui est permis une garantie favorable aux tiers [138].

Heureusement, l'article 5 du Code forestier permet d'étendre à tous les arrondissements voisins, par un simple enregistrement de commission au greffe du tribunal, la compétence territoriale des gardes fores-

tiers, que l'article 169 limite à l'arrondissement pour
lequel ils sont assermentés. Voilà le terrain ouvert légalement aux plus solides marcheurs; les moins ro-
bustes se feront relayer par leurs collègues. Mais on
voit rarement de nos jours une pareille expédition.

Suivons-la cependant pour l'honneur des principes.

Le garde forestier a le moyen de régulariser sa position, mais le lieutenant n'a pas la même ressource.
Serait-il en délit, s'il se trouvait en chasse en dehors
de sa lieutenance, étant accompagné d'un garde forestier compétent? Tout dépend des termes de sa commission et de l'étendue de la circonscription qui lui a
été assignée. La commission, sans conférer l'autorité
publique, donne cependant à ceux qui en sont revêtus
un mandat d'agir dans les propriétés d'autrui, mandat
qui n'est obligatoire et respectable qu'à la condition
d'être observé. (V. nᵒ 55.) Les propriétaires ne sont
tenus de s'y soumettre que s'il est légalement rempli;
ils ont le droit de se le faire représenter [152]; l'administration forestière serait la première en faute, si elle
colorait d'une protection apparente des chasses qui ne
sont pas autre chose que la négation des règles qu'elle
a elle-même tracées, en déterminant la circonscription
du lieutenant. La seule ressource de celui-ci sera
d'envoyer quérir son collègue et de continuer avec lui
un travail si passionnant; à cette condition, il pourra
aller d'un bout de la France à l'autre.

108. — Qu'arriverait-il enfin si un lieutenant en-
freignait la loi, se livrait à ses chasses sans la surveil-

lance de l'administration forestière (nᵒ 94), chassait d'autre bête que le loup (nᵒ 88), ou celui-ci par d'autres procédés que ceux autorisés (nᵒˢ 96 et 97), ou exécutait une battue avec ses amis (nᵒ 99)....? Rien qui ne vous soit parfaitement connu : un procès-verbal d'un garde forestier, particulier ou champêtre, une poursuite des propriétaires ou du ministère public et très-probablement une condamnation, si le tribunal ne trouvait pas dans la conduite du lieutenant et dans sa bonne foi un élément d'excuse. Je n'ai qu'une seule observation nouvelle à vous faire, c'est que les amis du lieutenant seront dans une situation plus critique que la sienne. On ne peut les compter dans son équipage ni les considérer comme étant à son service : leur bonne foi, l'excellence de leurs intentions ne serviront jamais d'excuses à une chasse délictueuse. Les fonctions du lieutenant de louveterie ne sont pas, en effet, de celles qui confèrent l'autorité publique, et les amis qui l'accompagnent ne seront pas admissibles à se prévaloir d'une prétendue réquisition émanée d'une personne sans qualité [139]; ils seront condamnés solidairement [107]. Nul n'est censé ignorer la loi !

Quant aux gens de l'équipage, ils ne sont que des aides, des instruments de la chasse. Ils ne seraient punissables qu'en qualité de complices, par leur attitude ou leur intention (nᵒ 71).

109. Piéges aux animaux nuisibles. — Les fonctions des lieutenants sont limitées au loup, quand il s'agit des chasses; elles s'étendent au contraire à tous les animaux nuisibles, tels que nous les avons définis (n° 16), quand il s'agit des piéges qu'ils ont le droit de faire tendre (ord. de 1814, art. 7).

Malheureusement, nos lieutenants tendent peu de piéges. Les émotions de la grande chasse sont plus goûtées que les plaisirs du tendeur. L'art de prendre au piége les animaux sauvages était jadis un grave sujet d'études. Tous les anciens livres sur la chasse sont remplis de conseils, de recettes et de dessins que les traités cynégétiques dédaignent actuellement. Les causes de cette indifférence sont multiples. D'abord les sergents louvetiers ont été supprimés; ensuite la loi de 1844 a mis la chasse à la portée de tous les propriétaires; enfin cette loi, dans une préoccupation peut-être trop exclusive, a créé un délit du seul fait de détention des piéges. Aussi les spécialistes qui faisaient jadis métier de tendeurs ont-ils successivement disparu et avec eux les secrets qui avaient fait vivre leurs pères. On trouve encore aujourd'hui des gens qui savent purger un pré de ses taupes. On ne trouverait plus personne pour débarrasser un bois de ses renards. Cependant, un seul couple de ces rusés coquins fait plus de mal au gibier d'une forêt que les braconniers du pays, et les piéges sont autrement efficaces que les chasses officielles.

L'art du tendeur offre à ceux qui aiment à étudier la vie des animaux un très-intéressant sujet d'études. Espérons que le goût en reviendra, que les gardes forestiers, encouragés à soigner les chasses, deviendront les utiles auxiliaires des lieutenants, qu'il y aura de ce côté de bonnes réformes et d'utiles services. Étudions cette partie de la législation comme s'il en était ainsi.

110. Etendue du droit. — Les officiers de louveterie peuvent exercer leur droit :

1° Dans toutes les propriétés ouvertes. — L'article 9 de l'ordonnance de 1814 n'est que la suite de l'article 8, où il est parlé de tous les endroits que les loups fréquentent [140].

2° Contre les loups et tous les animaux nuisibles. — Article 7.

3° En toute saison. — L'article 9 en prescrivant de s'occuper *particulièrement* de tendre des piéges pendant le temps de la fermeture n'est qu'indicatif et non limitatif.

4° Par toutes les espèces de piéges inventées ou à inventer. — L'article 7, en parlant des piéges *nécessaires*, les comprend tous [140].

5° Non-seulement par eux-mêmes, mais par les gens de leur équipage et par les spécialistes qu'ils prennent temporairement à leur service. — D'après l'article 9, ils doivent *faire* tendre.... [140].

111. — Tous ces droits résultent de l'ordonnance du 20 août 1814, qui a force légale d'exécution. Toutefois, la légalité de cette partie de l'ordonnance aurait fort bien pu être contestée, car il est certain

que l'article 6 de la loi du 10 messidor an v, qui a
permis au gouvernement de fonder l'établissement de
la louveterie, ne concerne que le loup et nullement les
autres animaux nuisibles. Le gouvernement de la Restauration n'a fait que reproduire littéralement le décret impérial du 1er germinal an XIII (22 mars 1805).
Or, combien n'y a-t-il pas au Bulletin des Lois de
décrets entachés d'illégalité et dont cependant l'application continue à se faire encore de nos jours?
C'est cette considération qui a sans doute déterminé
la cour de cassation à proclamer l'ordonnance de 1814
le code de la matière et à lui reconnaitre sans distinction la force légale d'exécution. (V. n° 13.)

112. — Au moins les propriétaires auront-ils, comme
pour les chasses des lieutenants, la garantie de la surveillance de l'administration forestière? La loi n'en
parle pas et l'ingérence d'un service administratif ne
saurait se présumer. Nous verrons que c'est dans un
autre ordre d'idées et de surveillance que les tiers
auront leur garantie. D'ailleurs, comment la surveillance des gardes forestiers pourrait-elle s'exercer,
quand il s'agit de piéges permanents qui peuvent être
tendus sur tous les points à la fois? Si on admettait
l'affirmative, autant vaudrait remplacer les gardes
particuliers par les gardes forestiers.

Le rôle de l'administration forestière ne peut être
qu'indirect, et le conservateur ne fermerait point l'o-
reille aux plaintes des particuliers, si elles étaient
sérieuses et fondées sur des faits précis. Chef du

service des lieutenants de louveterie, il aurait certainement le droit et le devoir de leur faire des observations qui aboutiraient au retrait de leur commission, si elles étaient sans effet sur leur manière d'agir.

Ce droit de tendre des piéges contre les animaux nuisibles a fait naître quelques questions qu'il faut éclaircir, avant d'aborder le chapitre des devoirs.

113. — L'article 12 de la loi de 1844, qui punit de peines sévères « ceux qui seront détenteurs ou ceux « qui seront trouvés munis, hors de leur domicile, « de filets, engins ou autres instruments *de chasse* « prohibés », est-il applicable aux lieutenants ou aux hommes qu'ils envoient tendre des piéges? Cette défense est-elle de nature à inquiéter les lieutenants et leurs aides et à les exposer à une condamnation correctionnelle?

La loi ne saurait vouloir l'impossible, et il serait ridicule d'ordonner à un lieutenant d'avoir des piéges et de les faire tendre, sans lui permettre de les conserver à domicile ou de les transporter au dehors. La loi de 1844 n'a point modifié la législation sur la louveterie [17], et l'article 12 lui-même, en ne parlant que des instruments de chasse, indique bien qu'il s'agit d'une défense concernant l'exercice du droit de chasse et non la destruction des animaux nuisibles [18]. Sans doute, les mêmes engins peuvent servir aux deux fins par la manière dont ils sont tendus ou amorcés; la loi de 1844 a certainement des imperfections que l'expérience a révélées. Des condamnations ont pu être prononcées pour le fait seul de la détention des piéges les plus indispensables aux cultivateurs; mais la jurisprudence se gardera toujours d'une interprétation trop exclusive, et je ne crois pas que l'on doive hésiter à dire que si les gens d'un lieutenant ou les personnes autorisées par lui étaient trouvés détenteurs ou porteurs de piéges pour détruire les animaux nuisibles, ils sortiraient parfaitement nets de poursuites que le ministère public hésitera toujours à intenter [112].

Ah! si par exemple, leur usage était abusif, leur emploi dirigé contre le gibier, je ne doute pas non plus que ni commission ni qualité ne leur feraient éviter la condamnation pour délit de chasse à l'aide d'engins et d'instruments prohibés.

114. — Le poison peut-il être considéré comme un piége et les lieutenants ont-ils le droit de s'en servir?

A vrai dire, le poison n'est pas un piége dans le sens grammatical du mot, mais il en est souvent l'accessoire et il doit lui être assimilé au point de vue juridique, car la loi punit son emploi comme engin de chasse prohibé [113]. Le danger de ce mode de destruction a fait hésiter certains auteurs. Cependant, quand on veut assurer la destruction des animaux nuisibles, faut-il craindre d'employer un des moyens les plus efficaces, surtout quand il est mis entre les mains d'hommes choisis comme le sont les lieutenants? Faut-il défendre d'armer les piéges d'appâts empoisonnés? et si l'on permet le poison comme accessoire des piéges, y a-t-il une raison pour ne pas l'admettre, quand il est employé comme principal moyen de destruction? Aucune; aussi, je n'hésite pas à croire que ce moyen énergique est compris dans les piéges nécessaires que le lieutenant doit employer contre les animaux nuisibles [114]. Je suis fortifié dans cette pensée : 1° par l'opinion même des savants auteurs de la circulaire du 9 juillet 1818, faite pour le service de la louveterie; 2° par l'ordonnance du 29 octobre 1846, rendue pour l'exécution de la loi du 19 juillet 1845, relative à la vente des substances vénéneuses. Dans ce règlement, on prévoit le cas de l'emploi de l'arsenic pour la destruction des animaux nuisibles et on indique le mode de préparations combinées suivant lequel la vente en sera seulement permise.

115. Devoirs. — L'ordonnance de 1814 n'est pas prolixe; elle n'impose aux lieutenants que l'obligation de se conformer *aux précautions d'usage*. On ne saurait dire d'une manière plus laconique que les conséquences de leurs fonctions sont régies par les principes du droit commun et que leurs fonctions elles-mêmes sont subordonnées à une condition de droit général. S'ils ne se conforment point à cette condition, ils seront en état de délit de chasse sur le terrain d'autrui ou de quasi-délit vis-à-vis des tiers lésés. Ils pourraient être même en délit vis-à-vis du ministère public pour le fait d'avoir fait usage d'engins de chasse prohibés (loi de 1844, art. 12), cet emploi ne leur étant permis qu'à la condition d'observer les précautions d'usage. Si la condition était enfreinte, le délit naîtrait de la même manière que naissent les délits de chasse en temps prohibé ou sans permis, quand les lieutenants exécutent leurs chasses officielles d'une manière irrégulière, par exemple sans la surveillance des gardes forestiers.

116. — Avant d'examiner le sens des mots « précautions d'usage » c'est-à-dire la valeur juridique de la condition imposée à l'exercice des fonctions, nous devons rechercher ce qui existe à cet égard ou peut exister dans les localités.

D'abord, il peut y avoir un usage local constant, reconnu, ancien, réunissant tous les caractères de la coutume, en vertu duquel ceux qui tendent des piéges contre les animaux nuisibles sont tenus à poser des affiches, des poteaux indicateurs, etc., etc.

Ensuite, le maire est chargé par l'article 9 de la loi du 18 juillet 1837 « de la police rurale et de pourvoir à l'exécution des actes de l'autorité supérieure qui y sont relatifs ». Il peut donc et doit prendre un arrêté pour déterminer le détail et la nature des précautions à employer, car la police rurale comprend « l'obligation de faire jouir les habitants de la salubrité, de la sûreté et de la tranquillité dans les campagnes » (loi rurale des 28 septembre-6 octobre 1791) et les fonctions des lieutenants de louveterie sont bien autorisées par un acte de l'autorité adminis-

trative supérieure à l'exécution duquel il doit être
pourvu.

Enfin, les préfets puisent dans la loi des 16-24
août 1790 (tit. 2, art. 3, n° 5), le droit de prescrire
des mesures de sûreté générale et de sécurité publique par des règlements directement émanés d'eux.
Le droit des maires ne fait point obstacle à celui des
préfets et s'efface devant ce dernier, puisqu'ils sont
chargés par la loi de 1837 (art. 9) de l'exécution des
actes de l'autorité supérieure, concernant la police rurale. La seule défense faite aux préfets est de prendre
des arrêtés à l'effet d'ordonner des mesures locales,
par exemple, concernant une seule commune, sur des
objets confiés à la vigilance de l'autorité municipale [115]. Rien donc n'empêcherait le préfet de parer à
l'indifférence des municipalités en prescrivant, par
un arrêté général, les mesures de précaution que les
lieutenants devraient prendre pour leurs piéges, dans
tout le département, car ces mesures intéressent la
sûreté générale. L'administration des forêts pourrait
même faciliter cette partie du service des lieutenants,
en provoquant cet arrêté près du chef de l'administration départementale.

En dernier lieu, il peut n'y avoir ni usage local,
ni arrêté municipal, ni arrêté préfectoral; les citoyens
et les mandataires de l'État sont ainsi laissés aux ins-
pirations de leur prudence personnelle.

117. — Voyons maintenant le sens de la condition
imposée aux lieutenants.

Sans nul doute, l'officier de louveterie sera obligé de se conformer aux précautions ainsi prescrites d'une manière réglementaire. En cas d'infraction, il encourrait la peine de l'article 471, n° 15 du Code pénal, car le caractère individuel, spécial, de l'arrêté ne lui enlève pas la sanction pénale attachée par la loi aux actes réglementaires de l'autorité administrative [144].

Il existera rarement à la fois un arrêté du maire et un arrêté du préfet sur la même matière, car le maire, ne pouvant exercer son pouvoir de police que sous la surveillance du préfet, celui-ci ne laisserait pas se produire un arrêté local, s'il existait un arrêté général indiquant les mesures de précautions à observer [145]. Au surplus, si cela arrivait, l'arrêté préfectoral primerait et remplacerait l'arrêté d'un maire, quand il est pris concurremment sur les mêmes matières [147].

C'est relativement au droit des propriétaires que la question est la plus importante. Le lieutenant aura-t-il rempli tous ses devoirs en provoquant un arrêté préfectoral et en se conformant à toutes ses dispositions ? Les propriétaires, au contraire, pourront-ils demander plus et exiger des précautions supplémentaires, par exemple toutes celles que la prudence la plus soigneuse doit savoir inspirer ?

Il faut ici nous incliner devant les termes formels du texte : nulle part on n'y voit que les préfets auront qualité pour déterminer le sens de la condition imposée, pour fixer aux lieutenants les précautions qui devront être observées. Les précautions d'usage seront donc une simple question de fait, que les tribunaux trancheront d'une manière souveraine. Ils ne seront liés ni par l'usage local, ni par l'arrêté municipal ou préfectoral, ni par l'absence d'usage ou de règlement. Ils seront souverains juges de la conduite du lieutenant et de la manière dont il exercera ses fonctions, et cela chaque fois que les propriétaires croiront devoir déférer cette conduite à leur appréciation, sans que naturellement la décision d'un tribunal lie en aucune façon les autres.

Je vais au-devant d'une objection :

On pourrait prétendre que cette solution subordonne d'une manière illégale le pouvoir administratif à l'autorité judiciaire. Si la fonction est utile pour tous, si le lieutenant est réputé travailler dans l'intérêt général, les tribunaux ne doivent pas pouvoir entraver indirectement la mesure administrative ordonnée, en lui demandant des précautions exagérées. Les particuliers pourraient d'autant plus résister au travail d'un louvetier que celui-ci serait plus zélé, en le conduisant devant les tribunaux, sous prétexte que les précautions ne sont pas suffisantes. Ils auraient ainsi le pouvoir de faire d'une fonction honorifique, utile, sérieuse, une occasion d'ennuis et de vaines dépenses.

Il ne faut pas dénaturer la question : chaque fois que le droit des louvetiers sera en présence du droit des propriétaires, il pourra toujours y avoir lieu à un procès, fondé ou non, téméraire ou juste. C'est l'éternelle question des intérêts en présence et des passions humaines. Je ne m'arrête qu'à l'objection de droit, à celle de la subordination de l'autorité administrative au pouvoir du juge. Il y a bien certainement une imperfection dans la loi; on aurait mieux fait de déterminer les précautions que le lieutenant sera tenu d'observer, et de charger le préfet de les indiquer dans chaque département. Cette imperfection a pu même avoir pour conséquence de paralyser le service des lieutenants et de faire qu'ils tendent fort peu de piéges; mais la disposition est formelle et ne saurait se nier. Cette situation est-elle d'ailleurs sans exemple ? Nullement, et vous en connaissez déjà d'analogues : quand les préfets autorisent des modes de chasse exceptionnels contre les oiseaux de passage, ils n'ont pas le droit de déterminer la nature et l'espèce de ces oiseaux [22]. C'est une question de fait que les tribunaux peuvent seuls résoudre. Or, s'il arrivait qu'un tribunal vint à déclarer qu'il n'existe pas d'oiseaux de passage dans la localité, le pouvoir administratif serait sous sa dépendance. Il est évident que cela n'arrivera jamais ; la science du droit consiste à ne point pousser à l'extrême les conséquences d'un principe vrai en lui-même ; il y a toujours le fait qui vient en tempérer l'application.

Aussi, que les lieutenants se rassurent. Si le préfet n'est pas appelé par la loi à déterminer les précautions pour l'emploi de leurs piéges, il a qualité pour

les prescrire, en vertu de son pouvoir de police générale; et si le lieutenant remplit soigneusement ses
fonctions, observe scrupuleusement les précautions
indiquées, il ne se trouvera pas en France un seul
tribunal pour le condamner. L'excuse de la bonne foi,
de l'intention, viendra apporter sa part aux considérants du jugement d'acquittement. La loi n'exige d'ailleurs que la prudence ordinaire, habituelle.

Voilà ce qui concerne l'action publique. L'excuse
sera inapplicable à la contravention de police ; elle
sera admissible pour l'infraction aux lois de la louveterie. On pourra poursuivre l'une ou l'autre, et même
l'une et l'autre, car il s'agit d'infractions tout-à-fait
indépendantes, d'un ordre d'idées tout différent, et la
confusion des peines est inapplicable aux contraventions [146].

118. — Étudions maintenant la question de la réparation civile en cas d'accidents causés aux tiers ou
à des animaux appartenant à des tiers.

La question peut s'élever relativement au propriétaire du terrain sur lequel les piéges ont été tendus
et relativement à toute personne victime d'un accident.

À l'égard du propriétaire, si les tribunaux ont constaté une contravention de police pour inexécution de
l'arrêté préfectoral, ou un délit de chasse pour exercice irrégulier de la fonction, l'action en réparation
naîtra *ex delicto*. Le tendeur officiel ne pourra plus
invoquer la maxime *nemo damnum dat qui suo jure*

utitur ; il sera en état de faute positive, de *culpa in committendo*, comme on dit à l'école.

Le délit, au contraire, n'a-t-il pas été poursuivi, ou le prévenu a-t-il été excusé à raison de ses intentions ? La réparation civile de l'accident produit sera fondée non sur le fait actif d'avoir tendu des piéges, — c'est le droit et le devoir du louvetier, — mais sur le fait négatif de n'avoir pas observé les précautions nécessaires. Elle naîtra *quasi ex delicto* (art. 1382 et 1383). La négligence, la *culpa in omittendo* donne toujours lieu à responsabilité, même contre celui qui n'est pas *coupable* d'un délit du droit criminel, quand une disposition de la loi impose l'obligation d'accomplir le fait omis [149]. Or, l'ordonnance de 1814 impose au lieutenant les précautions d'usage.

C'est une simple question de faute, c'est-à-dire de faits, dont les tribunaux sont juges souverains ; seulement, il y a lieu d'examiner quels sont les principes de droit qui doivent régler leur décision.

Ce n'est pas ici le lieu d'analyser cette fameuse théorie de la prestation des fautes, qui a tant passionné la doctrine, ni d'examiner si l'auteur d'un quasi-délit est responsable de la faute la plus légère, ou simplement de la faute ordinaire, en d'autres termes, si sa conduite doit être extrêmement prudente, ou s'il lui suffit d'avoir la diligence des gens soigneux. Ce n'est pas non plus le cas d'examiner si, comme les gens d'un métier spécial, les ouvriers et les entrepreneurs, les lieutenants de louveterie sont tenus, par

leur profession, à une prudence plus grande, plus at-
tentive que celle de tout le monde. L'ordonnance de
1814 a écarté toute discussion. En imposant au
lieutenant de louveterie les simples précautions
d'usage, la loi n'a subordonné sa conduite qu'aux règles habituelles de la prudence humaine ; elle n'a fait
aucune distinction entre le délit et le quasi-délit, entre l'action publique et l'action privée. S'il observe
cette conduite, le lieutenant sera dans son droit, c'est-
à-dire irresponsable vis-à-vis des tiers ; en d'autres
termes, il n'est tenu que de la faute *ex abstracto*, selon les distinctions des théories allemandes.

En ce qui concerne les tiers lésés autres que le
propriétaire, il n'y a aucune raison pour décider autrement ; la loi ne saurait avoir deux poids et deux
mesures. Cela me paraît évident quand il s'agit de
chemins, de sentiers ou de lieux dont la fréquentation
est à l'usage du tiers lésé. Or, il faut remarquer que
les victimes seront souvent dans une position moins
avantageuse que le propriétaire. Elles auront presque
toujours une faute (*quod non jure factum est*) à s'im-
puter, quand ce ne serait que celle qui consiste à
s'introduire sur le terrain d'autrui [150]. Quand il y a
deux fautes concomittantes, les tribunaux ont un pouvoir discrétionnaire pour apprécier la part de responsabilité de chacun [151]. Ils hésiteront rarement à
être indulgents pour un lieutenant plein de zèle et
d'activité.

149. — Les agents et les préposés forestiers ne sont

pas compétents pour constater par des procès-verbaux les infractions commises par les lieutenants ou par leurs employés dans le service des piéges. Leur compétence en dehors des limites du sol forestier n'est, en effet, légitimée que par le droit de surveillance spéciale qu'ils ont en matière de louveterie, en vertu d'un texte formel (n° 31). C'est ainsi que pour les battues, les chasses des lieutenants ou des permissionnaires, les articles 4 et 5 de l'arrêté du 19 pluviôse an v, l'article 8 de l'ordonnance du 20 août 1814 leur donnent implicitement, mais nécessairement, le droit de constater par des procès-verbaux les infractions commises. Mais en ce qui concerne les piéges, aucune disposition de la loi ne leur donnant le droit de surveillance, ils doivent s'abstenir dans les propriétés non soumises au régime forestier. Les constatations judiciaires seront faites à la requête des particuliers ou du ministère public, par les officiers de police judiciaire, spéciaux ou généraux, qui ont le pouvoir de surveiller les propriétés ouvertes.

120. Pouvoir des maires. — Je vous ai parlé du pouvoir de police rurale des maires et des préfets : je suis conduit ainsi à examiner les limites de leur puissance réglementaire, la légalité de leurs arrêtés en ce qui concerne la destruction des animaux nuisibles. L'autorité municipale est certainement très-étendue, très-élastique, parce que les mots police, sécurité, tranquillité, dont se sert la loi organique de ce pou-

voir, sont eux-mêmes très-larges, très-indéterminés.
Mais le pouvoir du maire n'en est pas moins soumis à
la condition d'agir en vertu d'une délégation de la loi;
il est subordonné à une autorisation donnée par une
disposition législative. L'article 471, n° 15, du Code
pénal exprime fort bien cette condition, en disant que
les tribunaux ne condamneront que les contrevenants
aux arrêtés *légalement faits*. Si donc le maire ordonnait par un arrêté à tous les propriétaires de détruire
sur leurs terres les animaux nuisibles, sous prétexte que
ces animaux sont un danger pour la sûreté des campagnes, un pareil arrêté serait dépourvu de sanction pénale; il serait lettre morte et celui qui ne l'exécuterait
pas n'aurait aucune condamnation à craindre. On chercherait vainement, en effet, une loi obligeant les propriétaires ou les habitants à détruire les animaux
nuisibles; on trouve les lois de 1790 et de 1844 accordant le droit de destruction, la loi rurale de 1791
encourageant les habitants à exercer leur droit, la loi
de l'an v allouant des primes; mais nulle part l'obligation n'est imposée. Il n'en est pas de même de l'é-
chenillage; des lois spéciales en font un devoir aux
habitants des campagnes [152].

121. — Le maire d'une commune ne saurait non
plus avoir le droit de faire placer des piéges dans
les propriétés particulières. La circulaire du 9 juillet
1818 n'hésite pas cependant à lui reconnaître ce droit
et va même jusqu'à lui promettre le remboursement
des dépenses faites. Si les savants auteurs de ce do-

cument n'ont eu en vue que les terrains communaux
et les chemins ou terres du domaine rural, je suis de
leur avis; mais je ne puis partager leur manière de
voir, s'il s'agit des propriétés particulières. Il ne faut
pas confondre, en effet, le pouvoir réglementaire des
maires avec leur pouvoir d'autorité active. En faisant
placer des piéges dans les propriétés, le maire ne
prend pas d'arrêté pour imposer à ses administrés
une obligation de faire ou de souffrir quelque chose;
il agit, et pour trouver à cette action un fondement
légitime, il faut que la loi lui donne formellement le
pouvoir de déposséder temporairement le propriétaire, de faire acte d'autorité chez lui. Nulle part, nous
ne trouvons ce droit [153]; nous voyons au contraire
la loi spéciale fonder la destruction des animaux nuisibles sur l'initiative privée, donner l'autorité active
au préfet, instituer des officiers spéciaux pour l'art
difficile de chasser et de tendre des piéges. Oserait-
on soutenir que le maire peut de son autorité propre
donner des permissions de chasse, autoriser des battues? Cela n'est pas possible devant des textes aussi
précis. Le fait de tendre des piéges dans les propriétés d'autrui n'a pas un autre caractère et ce serait
étrangement abuser du droit de police que de le faire
dégénérer en une pareille lésion du droit de propriété.

122. — Il ne faudrait cependant pas aller trop loin.
Il est des cas exceptionnels dans lesquels les maires
ont le droit d'ordonner, au nom de l'intérêt public, la
destruction d'animaux dangereux. C'est le cas d'ur-

gence, de danger immédiat et extraordinaire. Un loup fait une apparition dans un village, menace des enfants. Pendant les neiges, une bande de loups affamés tient en quelque sorte assiégée une métairie isolée dans la montagne au point de rendre les nuits dangereuses pour les habitants. Le maire ordonne de détruire ces animaux, requiert à cet effet des hommes armés. Qui oserait lui contester dans de pareilles circonstances le droit que tout le monde lui reconnait contre les chiens enragés et les animaux échappés d'une ménagerie? L'article 475, n° 12, du Code pénal ne punit-il pas ceux qui auront refusé de prêter le secours dont ils auront été requis dans les circonstances d'accidents et de calamités?

Mais ce cas sera bien rare. L'urgence, l'impérieuse nécessité légitimeront seules l'acte du maire. C'est une question de fait dont les tribunaux seront juges. Il y a loin de ce cas au droit de faire tendre des piéges d'une manière permanente, ou de faire détruire les animaux nuisibles sur les propriétés d'autrui dans les circonstances ordinaires [153].

123. — La police rurale consiste donc dans le droit donné aux maires d'imposer à la liberté de chacun des restrictions qui rendent la vie plus sûre, plus tranquille, plus salubre, selon la définition sommaire de la loi du 14 décembre 1789, mais à la condition que les obligations de faire, de ne pas faire ou de souffrir quelque chose seront imposées aux citoyens en vertu d'une disposition de la loi; en d'autres termes, l'arrêté

qui ne serait l'exécution d'aucune loi ne serait pas obligatoire [154]. On pourrait souhaiter ces lois plus formelles, moins élastiques ; la jurisprudence et l'habitude les ont maintenant bien précisées. Nulle part, on ne voit les maires investis du pouvoir de détruire les animaux nuisibles dans les propriétés d'autrui, ni du droit d'imposer cette destruction aux propriétaires. Leur droit de police se réduit donc, après cette élimination, à ordonner aux habitants, et par suite aux lieutenants, les mesures de précaution dans l'emploi des moyens mis à la disposition de ceux-ci [155]. Ainsi limité, ce droit est encore très-considérable, parce qu'il peut indirectement paralyser l'usage des moyens de destruction permis aux habitants et aux lieutenants de louveterie. La matière de la chasse en offre des exemples analogues. Ainsi, les maires, qui ne peuvent ni fermer ni interdire la chasse, ont pu très-valablement en restreindre l'exercice dans les vignes ou à certaine distance des habitations, en vertu de la loi rurale des 28 septembre-6 octobre 1791 [155].

La ressource contre un mauvais vouloir improbable serait dans le droit qu'ont les préfets de prendre des arrêtés de police pour tout leur département, car leurs arrêtés priment et remplacent ceux des maires quand ils sont rendus sur les mêmes matières [147].

124. — Faut-il se plaindre de ce que le maire ne soit pas armé du pouvoir de commandement dans les mesures à prendre pour la destruction des animaux nuisibles ? La question est délicate et la plainte a été

souvent élevée. Mais quand il s'agit d'un droit aussi passionnant que celui de la chasse, il faut avoir plus en vue les conséquences que les conceptions théoriques et chercher surtout les garanties du droit des tiers. Si la question était posée aux propriétaires, ils n'hésiteraient pas à se prononcer pour le maintien de la situation actuelle.

TROISIÈME LEÇON

Messieurs,

125. — Nous venons d'étudier les deux mesures administratives qui ont principalement le loup pour objet, tout en s'appliquant, sur certains points, à la destruction des animaux nuisibles. Nous arrivons maintenant aux mesures dirigées, sans distinction, contre tous les animaux nuisibles. Ce sont :

1° Les battues et chasses collectives, générales ou particulières ;

2° Les permissions individuelles de chasse délivrées par le préfet.

Ces mesures, les battues surtout, sont les plus efficaces, mais elles sont de nature aussi à porter une atteinte plus grave au droit de propriété, et le législateur a entouré leur exécution d'un surcroît de garanties.

V

BATTUES ET CHASSES COLLECTIVES.

§ 1er. — *Préliminaires.*

126. Historique. — Les battues officielles ont leur histoire, comme toutes les parties de notre législation. Monopole de plaisir pour les louvetiers de l'empire carlovingien, de plaisir et de profit pour les louvetiers de l'ancienne monarchie (de 1404 à 1785), le droit de battue avait été étendu en 1583 aux officiers des maîtrises (n° 5) et, en 1600, aux seigneurs hauts justiciers (n° 6). Mais ces extensions ne lui avaient pas donné le caractère de mesure administrative utile à tous, tutélaire pour les droits des tiers, telle que nous la concevons de nos jours. Le droit des louvetiers de lever deux deniers parisis par loup et quatre par louve, dans un rayon de deux lieues de l'endroit où la bête avait été prise, était absolu et existait pour les battues générales comme pour leurs chasses particulières. Les louvetiers n'avaient pas cependant le droit d'ordonner, de leur seule autorité, *les assemblées* ou chasses générales [20]. La redevance de deux deniers parisis n'était due ni aux maîtrises, ni aux seigneurs hauts justiciers pour les battues faites sans le concours des louvetiers. Les habitants des campagnes étaient tenus de la corvée des battues avec tant d'exigence, que des villes tenaient à honneur d'en être dispensées [8].

La Révolution supprima les prestations, les priviléges et, par conséquent, les battues officielles. Sous l'impression de fausses idées sur la liberté, la chasse, les battues, la destruction des animaux sauvages se firent sans respect pour le droit d'autrui. Malgré les termes formels de la loi de 1790, on considéra le droit de chasse comme un droit naturel, et l'exagération des primes accordées en l'an III fit que souvent on respecta peu le droit des propriétaires. La guerre, les discordes civiles causaient des préoccupations autrement graves. Les principes honnêtes de la révolution de 1789 devaient l'emporter. Le Directoire put, en l'an v, rétablir les battues et les chasses collectives et les entourer de toutes les précautions qui en assurent le succès et protégent tous les intérêts. Sa prudente législation n'a reçu, depuis cette époque, aucune modification.

127. Définitions. — La battue est une variété de chasse à tir dans laquelle les chiens sont remplacés, en quelque sorte, par des hommes qui poussent le gibier devant eux et le forcent à franchir la ligne sur laquelle les chasseurs sont échelonnés. Ce mode de chasse, qui n'est pas défendu par la loi de 1844 [108], a pour effet de vider un canton de tous les animaux qu'il contient. Il permet donc de choisir, parmi eux, ceux qui doivent être détruits. On donnait à l'opération différents noms : la *huée* paraît être le mot consacré anciennement aux battues du loup [156]. Le *trac*, et même le *triquetrac* (selon l'ordonnance de Henri III du 10 décembre 1581), paraissent avoir désigné les battues dirigées contre le gibier [157]. Aujourd'hui la traque et la battue sont absolument synonymes et désignent la même opération.

L'arrêté du 19 pluviôse an v distingue les battues générales et particulières. Cette distinction est faite non à cause des animaux qu'il s'agit de tuer, ni du nombre des personnes qui y sont appelées, mais simplement au point de vue de l'étendue des terrains qu'il s'agit de battre et d'explorer. La battue est *générale* quand elle est ordonnée dans toutes les campagnes d'une circonscription administrative, *particulière* quand elle a pour objet certaines forêts, certaines propriétés désignées spécialement. Cette distinction résulte en effet de l'opposition des mots « campagnes et forêts nationales » qui commencent l'article 2. Mais elle n'a aucun intérêt pratique, et rien n'empêche de considérer comme battue particulière celle dans laquelle il n'est permis de tuer qu'une ou deux espèces d'animaux nuisibles.

Les chasses générales et particulières dont parle l'arrêté de pluviôse an v, dans les mêmes articles, ont pour caractère d'être non individuelles, mais *collectives*, en ce sens que plusieurs tireurs y prennent part, se placent sur l'enceinte et tirent au passage les animaux que les chiens ont lancés. C'est le mode de chasse que nous avons vu employer par les lieutenants de louveterie (n° 98) ; comme les battues, elles sont générales ou particulières, selon l'étendue du terrain dans lequel elles sont autorisées. Tout ce qui est relatif à ces chasses collectives s'appliquant aux battues, nous abrégerons en ne parlant que de celles-ci.

128. Rôle des autorités. — Pour mener à bonne fin une battue, il faut du monde, de la prudence et du savoir. Pour rassurer les propriétaires temporairement expropriés, il faut une autorisation et une surveillance. Ces cinq exigences ont reçu leur entière satisfaction par le concours d'un certain nombre d'autorités désignées dans la loi. Le préfet donne l'autorisation, le maire fournit le monde, le louvetier son savoir et sa prudence, le forestier la surveillance et non moins de prudence.

Tel est le trait caractéristique du rôle de chacun ; je dois vous l'indiquer d'abord, parce que vous verrez plus loin que les rôles peuvent et doivent subir des modifications secondaires, rendues indispensables par la nature même des choses. Il ne faut pas qu'une démarcation trop exclusive des attributions expose le succès de la mesure, si l'un de ses organes venait à manquer.

129. Préfets. — Le chef de l'administration dans le département ordonne ou autorise la battue (arrêté du 19 pluviôse an v, article 2 ; ord. de 1814, art. 10).

Son autorité est une sauvegarde du droit des tiers ; ceux-ci ont le droit de l'exiger ; elle ne peut donc être remplacée par aucune délégation, par aucun équipollent (n° 137). Ainsi les maires, les lieutenants, les agents forestiers seraient en délit si, de leur autorité, ils ordonnaient une battue. Ces derniers ont ainsi perdu le droit que leur conférait l'ordonnance de 1583, par la raison toute simple que nos mœurs administratives ont enlevé l'autorité active aux administrations spéciales, et que l'arrêté de l'an v a formellement modifié sur ce point l'ordonnance de 1583, rappelée dans son préambule (n° 139).

130. Agents forestiers. — Le service forestier a la direction et la surveillance des chasses (arrêté de l'an v, art. 4), la direction dans certains cas (n° 156), la surveillance toujours.

La présence des agents forestiers est la seconde garantie du droit des tiers. Elle ne peut jamais être remplacée [158] ; seulement les agents empêchés peuvent être autorisés à déléguer d'autres agents ou préposés (n° 161). Les forestiers n'ont aucune qualité pour requérir des chasseurs, et les personnes qui les accompagneraient seraient mal fondées à exciper d'une prétendue réquisition émanée d'eux.

131. Maires. — Le chef de la municipalité figure dans la législation pour le concours, le concert même qu'il apporte aux battues (arrêté de l'an v, art. 4).

La manière dont ce concours est limité au nombre
d'hommes qui y seront appelés, et par conséquent aux
jours où elles se feront, indique que l'attribution spéciale, caractéristique, du maire est de fournir d'autorité les tireurs et les traqueurs [159]. On peut donc se
passer de lui, à l'aide soit de volontaires, soit de gens
amenés exprès. S'il figure dans la battue, c'est comme
simple chasseur ou comme autorité utile, mais non
absolument nécessaire [160]. S'il ordonne lui-même une
battue ou s'il exécute, sans la surveillance de l'administration forestière, une battue autorisée, il se met
en délit avec tous ceux qui l'accompagnent, sauf aux
tribunaux à excuser ceux-ci, à raison de leur bonne
foi (n° 29).

Il est à remarquer que l'arrêté du 19 pluviôse an v
rendu sous le régime de la constitution du 5 fructidor
an III (22 août 1795) ne parle que des *administrations
municipales de canton* et ne désigne pas les maires
dont le titre n'existait plus alors. Dans cette constitution compliquée qui avait supprimé le district et
jusqu'à un certain point l'individualité de la commune, le canton, de simple division judiciaire, était
devenu la base du système administratif. Il y avait un
agent municipal et un adjoint dans chaque commune
et les agents municipaux se réunissaient pour former
les municipalités de canton dont l'action administrative avait à la fois le caractère de gestion municipale
et cantonale, locale et générale. Les attributions d'administration générale ont passé au préfet, en l'an VIII,

dont le système constitutionnel nous régit encore aujourd'hui. Les maires furent rétablis et eurent, dans
chaque commune, les fonctions d'administration locale
qu'exerçaient, sous le Directoire, les administrations
municipales de canton. Or, il n'est possible de voir
qu'une action locale dans le rôle donné aux administrations municipales de canton par les articles 3 et 4
de l'arrêté du 19 pluviôse an V, attendu que ce rôle
y est mis en opposition avec celui des administrations
centrales de département. Il faut donc attribuer aux
maires des communes tout ce qui concerne les municipalités de canton dans l'organisation des battues.
Cela n'a jamais fait de doute ni dans la pratique de
l'administration ni dans celle des tribunaux.

132. Lieutenants de louveterie. — Ils ont le commandement et la direction de la battue (ord. de 1814,
art. 11), la direction cynégétique s'entend ! C'est un
appel et un hommage faits à leur savoir. Il s'ensuit
qu'absents ou empêchés, ils peuvent être remplacés.
De l'an V à 1805, il n'y avait même pas de lieutenants
de louveterie. Leur présence, utile à tous égards,
n'est nullement indispensable : un agent forestier,
un chasseur expérimenté peuvent remplir leurs fonctions (n° 156).

Mais n'ayant pas l'autorité publique, ils ne peuvent,
par conséquent, ni requérir, ni amener des chasseurs
avec eux pour une battue non autorisée, ou pour une
battue même autorisée qu'ils exécuteraient en dehors

de la surveillance des agents forestiers. Ceux qui les accompagneraient dans une pareille expédition seraient en délit et ne sauraient s'excuser sous prétexte d'une prétendue réquisition, émanée d'une personne sans qualité, ni autorité (n° 108).

133. Gendarmes. — Nous reviendrons sur le rôle et les fonctions de chacun. Je ne fais que les indiquer sommairement et par anticipation, parce qu'elles seront mieux comprises quand toutes les autorités seront en contact pour l'organisation d'une battue. Il arrive souvent que les préfets envoient leurs arrêtés à la gendarmerie et la chargent de son exécution par une formule générale, qui est devenue de style dans les actes de commandement. Le concours de la gendarmerie n'est pas exigé par la loi ; il n'est nullement indispensable. La présence des gendarmes n'est justifiée que par leur droit de se trouver partout ; leurs attributions ne sont autres que celles de police générale dont ils sont chargés par la loi de leur institution [163]. La battue s'exécute devant eux comme sans eux. Les propriétaires ne sauraient exiger leur surveillance spéciale et sont en droit de demander, malgré leur présence, la surveillance réglementaire du service forestier. Les préfets ne peuvent pas plus imposer des obligations extra-légales qu'affranchir des obligations légales.

134. Conseils pratiques. — Avant d'aborder le détail

des questions que font naître les battues, j'emprunte
à M. Villequez l'indication de quelques conseils pratiques qui vous serviront dans le cours de votre car-
rière et qui vous aideront à comprendre l'utilité de
certaines prescriptions légales. Les battues ne produisent de résultats qu'à la condition d'être bien me-
nées; faites sans ordre, avec un monde ignorant ou
indiscipliné, elles ne sont qu'une occasion de dérangement, une source de dangers sérieux pour les chasseurs et les traqueurs. Un de nos camarades, garde
général dans l'Est, a même payé de sa vie une ignorance de règles jugées jadis si importantes, que le
parlement d'Aix n'avait pas hésité à les formuler dans
un arrêt du 16 septembre 1675 [164]. Écoutez donc les
conseils du professeur de Dijon, aussi bon chasseur
que profond jurisconsulte.

Les armes doivent être chargées avant d'arriver au
bois; un bon gros plomb est très-suffisant pour le loup
et donne un tir bien plus sûr. Réservez la balle pour
le sanglier; choisissez les tireurs armés de fusil à système; éloignez les rouillardes et autres canardières de
l'ancien temps.

Les tireurs ne doivent pas être trop nombreux; ils
seront espacés de trente à cinquante pas, placés en
ligne avant les traqueurs, autant que possible à bon
vent, c'est-à-dire le visage tourné du côté d'où il vient,
le ventre au bois. Ils doivent entrer d'un mètre environ dans le bois, s'y dissimuler près d'une cépée. De
cette façon, si l'animal est tiré en franchissant la ligne

que les tireurs ont à dos, le coup de fusil traverse en biais cette ligne ou ce chemin pour aller donner du côté où ne sont pas les tireurs. Si ceux-ci, au lieu d'entrer un peu au bois, restaient dans le chemin pour y tirer les bêtes au saut, ils tireraient inévitablement les uns sur les autres. Le chef de battue se place à l'angle de deux lignes de tireurs pour mieux diriger. Le silence est obligatoire, le tabac interdit dès qu'on arrive au bois et sur toute la ligne des tireurs.

Les chasseurs étant placés, les traqueurs se mettent en mouvement au coup de corne du chef de battue, le vent au dos et sous la conduite d'un chef connaissant le bois. Espacés de quinze à vingt pas, un bon bâton à la main pour frapper les cépées, gardant toujours leurs distances, criant, faisant toute espèce de bruits, ils se dirigent sur la ligne des tireurs et parallèlement à elle.

Leur musique doit continuer jusqu'à ce qu'ils arrivent sur cette ligne, pour éviter les coups de fusil envoyés *au jugé*. On conseille de leur faire porter un grelot à la jambe et le chef de battue a dû recommander expressément aux tireurs de ne pas se presser et de ne jamais tirer sans découvrir parfaitement la bête. Recherchez les bûcherons et les gens de bois ; éloignez les enfants qui s'amusent et ne font que de la mauvaise besogne.

Dernier et indispensable conseil : l'obéissance doit être militaire.

Des battues bien conduites ont presque toujours

des résultats, mais elles causent au gibier un grand dérangement. Effrayé de bruits aussi insolites, il peut abandonner un canton sans avoir de longtemps l'esprit de retour. Les propriétaires n'aiment pas à les supporter, d'autant plus qu'elles dévoilent à tout un pays le gibier contenu dans leurs chasses et tentent la convoitise des braconniers. Il faut donc ne les ordonner et surtout ne les exécuter que lorsque les circonstances le commandent d'une manière évidente.

On a fait aux formalités qui accompagnent les battues le reproche d'être trop longues, trop minutieuses. L'animal sera loin, dit-on, avant que l'arrêté du préfet soit rendu, que l'agent forestier se soit concerté avec le lieutenant, que les chasseurs soient prévenus, les traqueurs commandés..... Une pareille critique n'a rien de fondé. Quand un animal est signalé sur un point, il y a, pour le chasser, des moyens expéditifs : les chasses du lieutenant, les permissions spéciales. La battue n'a pas pour but de satisfaire à ce cas urgent. C'est quand on ne sait pas où sont les animaux dangereux, quand on en soupçonne seulement la présence dans une région, qu'on a recours à la battue. On a tout le temps de prendre des précautions, et le projet de Code rural présenté au corps législatif, en 1870, allait même jusqu'à prescrire un délai de trois jours pour la publication de l'arrêté du préfet [165]. On conçoit les précautions et les formalités, quand on ne sait où sont les animaux à détruire et quand il s'agit d'une mesure aussi grave pour les propriétaires.

135. Proposition des battues. — Le droit de proposer des battues appartient à tout le monde ; le devoir en est imposé aux agents forestiers (arrêté de l'an v, art. 3), aux maires (*idem*), aux lieutenants de louveterie (ord. de 1814, art. 11). Les dispositions de l'arrêté de l'an v et de l'ordonnance de 1814 semblent ne donner aux préfets le droit de les autoriser qu'à la suite d'une proposition faite par les agents forestiers, les maires ou les lieutenants. Il a été reconnu, par décision ministérielle du 12 septembre 1850, que les préfets ont le pouvoir de les ordonner d'office [1]. Cette décision, qui est due à l'initiative de l'administration des forêts, est parfaitement légale, car elle ne fait qu'une saine application de l'article 11 de l'ordonnance de 1814, dans lequel on lit que le préfet pourra lui-même *provoquer* la mesure. Elle a eu pour effet de dissiper les incertitudes et de hâter les autorisations dans les cas pressants.

Mais cette décision peut conduire aussi à autoriser à la légère des mesures graves pour les propriétaires. La bonne foi d'un préfet peut être surprise ; un amateur de chasse peut obtenir une autorisation qui n'aurait pas été accordée sur le rapport des forestiers ou des officiers de louveterie. C'est aux agents forestiers chargés de la surveillance de la battue à éclairer le préfet par un rapport motivé. La facilité donnée pour le bien de tous ne saurait détourner la battue de son but et la transformer en un système d'amusement à l'usage de quelques-uns.

136. Autorisation. — Le préfet seul a le droit d'*or-donner* les battues (arrêté de l'an v, art. 3 et ord. de 1814, art. 11). En vertu du décret du 13 avril 1861 les sous-préfets peuvent les *autoriser* dans les bois des communes et des établissements publics destinés à la bienfaisance. La différence des termes montre que les sous-préfets sont obligés d'attendre les propositions et ne peuvent les ordonner d'office. La limite terri-toriale dans laquelle ils peuvent exercer leur action est du reste un obstacle à ce que l'on ait fréquemment recours à leur compétence.

137. — Un préfet ne pourrait pas déléguer son pouvoir au sous-préfet ou au maire et l'autoriser par avance à ordonner des battues quand les circonstances l'exigeront [73]. L'autorité du préfet est la seule ga-rantie donnée aux propriétaires relativement à l'op-portunité de la battue; leurs droits seraient certaine-ment plus compromis si l'autorisation était laissée à un pouvoir plus secondaire et plus accessible aux passions locales. Il est de principe du reste que l'au-torité sur les choses et sur les personnes ne se dé-lègue pas en dehors des cas prévus par la loi; l'auto-rité dans la gestion *intérieure* d'un service adminis-tratif peut seule se déléguer du supérieur à l'inférieur.

138. — L'arrêté du préfet, qui forme, au point de vue de l'utilité de la battue, la seule garantie des pro-priétaires, n'est assujetti à aucune formalité; il n'est ni publié, ni affiché, ni inséré au Recueil adminis-tratif [155]; il n'a pas besoin d'être motivé et n'est pas rendu en conseil de préfecture. L'ordonnance de 1814 semble avoir compris l'utilité d'un contrôle indirect en ordonnant aux préfets de prévenir le ministre de l'intérieur et le grand veneur des battues ordonnées par eux (art. 11). Cette disposition est tombée en désuétude; mais s'il était fait abus, le Directeur général des forêts pourrait fort bien en réclamer la reprise, d'autant plus que l'arrêté de l'an v met l'exécution des mesures ordonnées pour la destruction des animaux nuisibles dans les attributions du ministère des finances. De ce que l'arrêté n'est soumis à aucune forme de publicité, il faut déduire que les propriétaires ont le droit d'en demander la production à ceux qui se présentent pour l'exécuter. Quel intérêt y aurait-il, d'ailleurs, à contester ce droit aux propriétaires, puisque par une poursuite correctionnelle ils sauraient bien forcer les chasseurs officiels à produire leur mandat [162] ?

139. — On peut se demander si l'administration forestière pourrait encore user des pouvoirs conférés par l'ordonnance de 1583 et ordonner elle-même des battues. La négative ne peut faire l'objet d'aucun doute, bien que l'administration des forêts ait, un instant, pensé le contraire [84]. L'arrêté de pluviôse an v prend soin de déroger à l'ordonnance de 1583 et de la modifier, en disposant que les battues seront ordonnées par les administrations départementales. Qui ne sait d'ailleurs que l'autorité active n'est point, en général, dévolue aux services auxiliaires, mais au pré-

fet, chargé seul de l'administration sous l'empire de la constitution de l'an VIII, comme sous toutes celles qui lui ont succédé ?

La question ne pourrait sérieusement se poser que pour les forêts de l'État.

A cet égard, il faut vous rappeler qu'à la même date, le 20 août 1814, il fut rendu deux ordonnances concernant les attributions du grand-veneur. L'une, relative à la chasse dans les forêts domaniales, conférait au grand-veneur le droit de donner des permissions de chasses et d'y prendre des mesures relatives aux animaux nuisibles; l'autre organisait le service public de la louveterie. La première fut insérée au Bulletin des lois le 16 octobre 1830, la seconde, le 18 août 1832. C'est sur la première seulement que l'on pourrait s'appuyer pour attribuer au Directeur général le droit d'ordonner des battues dans les forêts de l'État, car le grand-veneur avait le droit d'y prendre certaines mesures relatives aux animaux nuisibles (ord. du 20 août 1814, — 16 octobre 1830). Il faut bien reconnaître que ce droit du grand-veneur, exercé par le Directeur général en vertu de l'ordonnance du 14 septembre 1830, aurait pour avantage de donner le moyen de nettoyer les forêts des animaux nuisibles et d'entretenir les chasses dans une valeur progressive pour les intérêts du trésor. Mais il ne faut pas confondre les règlements sur la louveterie que la loi de 1844 a laissé subsister (ord. du 20 août 1814 — 18 août 1832) avec les attributions du grand-veneur relatives à la chasse. Celles-ci, indiquées dans l'ordonnance du 20 août 1814 — 16 octobre 1830, ont été profondément modifiées par la loi de 1844. Cette faculté, si elle était admise, conduirait à reconnaître à une administration un droit que le préfet seul possède, celui de prescrire les modes de destruction d'une manière générale pour tous les propriétaires, pour l'État comme pour les particuliers. Une administration publique s'honore par le respect de la loi générale et jamais le service des forêts n'a soumis les chasses domaniales qu'aux règles de police tracées par la loi elle-même. On délègue aux adjudicataires le droit de destruction des animaux malfaisants; on peut le faire exercer par les gardes et les agents forestiers quand il n'a pas été délégué ou s'il n'a été délégué que partiellement (note C); mais c'est tout ce qu'il est licite de faire et, en temps prohibé, ce ne serait que par des permissions spéciales du préfet, rendues conformément à l'article 5 de l'arrêté du 19 pluviôse an V, que l'administration des forêts de l'État pourrait, comme tous les propriétaires, débarrasser ses bois et améliorer ses chasses. La seule modification tirée de sa qualité, c'est qu'elle serait elle-même le surveillant de la mesure autorisée.

140. — L'étendue du droit de l'administration doit être soigneusement étudiée par ceux qui seront un jour chargés de l'exécution et de la surveillance. L'arrêté du préfet n'est obligatoire pour les propriétaires et pour les tribunaux que s'il fait de la loi une

Ces raisons me paraissent fort peu concluantes : la circulaire de 1818 a fort bien pu faire une omission ; les permissions, loin de faire double emploi avec les commissions des lieutenants, répondent au contraire à un autre but, puisqu'elles permettent de chasser tous les animaux nuisibles, tandis que les lieutenants n'ont commission de chasse que pour les loups, honorés ainsi d'officiers spéciaux. Enfin, l'arrêté du 3 mai 1852 est exclusivement relatif aux lieutenants mis sous la dépendance hiérarchique de l'administration des forêts pour des fonctions annuelles ; il ne reçoit nul échec de permissions données d'une manière toute momentanée.

Veuillez bien examiner que, à deux dates différentes, mais très-rapprochées, il y a deux textes législatifs très-distincts : un arrêté relatif aux animaux nuisibles en général (19 pluviôse an v) et une loi spéciale au loup (10 messidor an v). Dans l'un, l'article 5 autorise les corps administratifs à délivrer des permissions de chasse pour détruire, dans les propriétés ouvertes, les *animaux nuisibles* ; dans l'autre, l'article 6 autorise le *gouvernement* à créer des institutions pour la destruction du *loup*. Les buts sont tout différents et deux dispositions législatives à des dates si rapprochées ne peuvent avoir le même objet en vue. La seconde n'a reçu son exécution qu'en germinal an XIII, par la création de la louveterie ; la première a reçu immédiatement sa mise à exécution. Comment supposer que l'une aurait abrogé l'autre, quand chacune a un but différent ?

La meilleure justification d'une mesure se trouve
dans son degré d'utilité. Ce que vous connaissez sur
les lieutenances de louveterie et sur les battues, vous
montre que, sans ces permissions, la législation sur les
animaux nuisibles serait incomplète et imparfaite. Un
solitaire vagabond résiste à toutes les battues ; le lieutenant ne peut le chasser ; il n'a commission que pour
le loup ; une permission spéciale mettra à sa poursuite
un chasseur qui tiendra à honneur de faire autant de
chemin que lui et d'en débarrasser le pays. — Un ours
se montre dans une forêt ; c'est un événement qui
n'est pas extraordinaire sur certaines frontières ; on
connaît son repaire ; une battue peut offrir des dangers ; pourquoi ne pas donner à un chasseur énergique, comme il s'en trouve dans les montagnes, la permission de s'attacher à ses pas et de le détruire ? —
Une forêt est infestée de renards qui maraudent aux
environs ; la battue n'a pour résultat que de leur faire
aimer davantage leurs terriers ; le lieutenant n'a des
chiens que pour le loup, et la loi de 1814 ne leur donne
pas le droit de se compromettre en si misérable chasse ;
il sera utile pour tous de donner une permission à un
spécialiste qui aura de bons bassets et du goût à cette
chasse. — Une bande de vautours menace les agneaux
d'un troupeau dans les Pyrénées ; une permission de
chasse donnée à un hardi montagnard est le seul
moyen d'en débarrasser le pays. — Je pourrais mul-
tiplier les exemples.

Au surplus, le ministre de l'intérieur et les préfets

ne mettent pas en doute la légitimité de ces permissions. On en délivre un assez grand nombre tous
les ans [234].

Quel intérêt d'ailleurs y a-t-il à contester la légalité de ces permissions, puisqu'il s'agit d'un service à
rendre à tous et puisqu'elles ne peuvent s'exercer sans
la surveillance des agents forestiers dont la présence
est une garantie pour les droits des tiers? Aucun; et
l'administration des forêts ne peut que se trouver
honorée d'être appelée à remplir ainsi une partie des
fonctions agricoles que lui assigne son rôle économique.

Soyez donc certains de la parfaite légalité de ces
permissions. De savants auteurs se prononcent pour
elles [236]; l'administration en délivre tous les ans [235];
les tribunaux ont déjà rendu des décisions dans ce
sens. Si la jurisprudence est peu nombreuse, c'est que
l'administration départementale a peu usé de son droit
en faveur de personnes autres que les propriétaires
eux-mêmes et qu'il y a eu ainsi peu de conflits avec
les tiers [232].

180. **Qui délivre les permissions?** — L'arrêté du 19
pluviôse an v est rendu sous le régime de la Constitution du 5 fructidor an III. Le décret du 21 fructidor
suivant avait constitué les corps administratifs au
moyen d'administrations départementales et cantona-
les formées de bureaux, de présidents et de commissaires du directoire exécutif. La loi du 28 pluviôse

an viii, rendue pour l'exécution de la Constitution de cette même année, remplaça les administrations et les commissaires de département par des préfets et des conseils de préfecture, les administrations municipales et les commissaires de canton, par les sous-préfets. Le préfet fut chargé *seul* de l'administration et le sous-préfet remplit, sous son autorité, les fonctions exercées par les administrations municipales et les commissaires de canton. C'est le système qui nous régit encore, malgré toutes les constitutions qui se sont succédé. Le préfet exerce donc seul aujourd'hui le droit conféré par l'article 5 de l'arrêté du 19 pluviôse an v, sans que l'on puisse induire du mot « arrondissement » qui s'y trouve, que les sous-préfets ont qualité pour donner des permissions de chasse aux animaux nuisibles. Les sous-préfets n'ont point hérité, en l'an viii, de l'autorité active qu'avaient les commissaires de canton, et le préfet est chargé seul de l'administration.

L'arrêté du préfet n'est, du reste, soumis à aucune formalité, il n'a besoin d'être ni publié, ni affiché, ni inséré au Recueil des actes administratifs, ni motivé, ni rendu en conseil de préfecture. Une simple lettre officielle suffit. La loi, n'imposant aucune condition aux arrêtés de battues, devait, à plus forte raison, en affranchir des permissions que les circonstances peuvent rendre très-urgentes [162].

181. **Droits conférés.** *Saison.* — J'ai déjà montré par

des considérations historiques et par le texte même
de la loi que ces permissions de chasse particulière,
comme les appelle l'article 7, confèrent le droit de
chasser les animaux nuisibles (n° 175) dans toutes les
propriétés ouvertes (n° 176). Il est inutile d'insister
beaucoup pour démontrer que ces chasses peuvent
avoir lieu en toute saison, en temps d'ouverture
comme en temps de fermeture. C'est dans l'esprit de
la loi : les battues doivent se faire aussi souvent que
cela est nécessaire (art. 2). Si des chasses particulières doivent compléter les services que l'on attend des
battues, c'est à la condition de pouvoir se faire en tout
temps. Il était du reste permis par la loi de l'époque
de chasser en tout temps dans les forêts qui sont les
seuls endroits où se tiennent habituellement les animaux nuisibles.

Il me reste encore quelques observations à faire sur
l'étendue du droit conféré par ces permissions et sur
les obligations qu'elles imposent.

182. — Le permissionnaire peut seul se livrer à la
chasse. Celle-ci doit être individuelle, particulière et
non collective, c'est-à-dire qu'on ne peut y conduire
des amis ou des auxiliaires, comme peuvent le faire les
lieutenants de louveterie. Les chasses qui s'exécutent
au moyen d'enceintes garnies de tireurs, travaillant en
commun à un même but, sont, par le nombre de ceux
qui y participent, plus dangereuses pour la propriété.
Aussi elles sont régies, comme les battues, par les articles 2 et 3 de l'arrêté de l'an v ; il faut une autorisa-

tion spéciale, un concours d'autorités pour les organiser. Elles sont générales ou particulières, selon
l'étendue des propriétés qui y sont soumises. Il n'en
est pas de même des permissions données à des particuliers ; l'article 7 les appelle bien chasses particulières, à cause de leur objet spécial et de leur but
particulier ; mais aucune formalité ne leur est imposée
en dehors de l'autorisation ; il n'y a ni demande des
administrations locales, ni concert d'autorités, par la
raison toute simple qu'il n'y a personne à appeler à
ces chasses. La permission est donc individuelle ; ce
qui le confirme, c'est le but même que l'on veut atteindre : quand la battue est impuissante ou quand on connaît l'endroit où se tient un animal dangereux, on fait
appel à un chasseur, s'il y en a un dans la localité,
assez bien monté pour rendre le service qu'on attend
de lui. C'est précisément parce qu'il est bien monté
et qu'il a un équipage, que la permission lui est donnée ; on ne pouvait songer à lui permettre d'amener
avec lui d'autres personnes que les gens de son équipage, puisque celui-ci est la raison même de sa permission. Les lieutenants de louveterie ayant une spé-
cialité de chasse très-difficile, reçurent en 1814 le
droit de *faire tirer* le loup par des auxiliaires en dehors des gens de leur équipage. Nos permissionnaires
n'ont le droit d'avoir en chasse avec eux que les hommes de leur équipage. Ils sont trop bien connus dans
la localité pour qu'il y ait lieu de craindre la fraude.

183. — A plus forte raison ne peuvent-ils faire de

battues et amener avec eux des auxiliaires faisant l'office de rabatteurs. Quand on voit le soin que l'arrêté de l'an v met à organiser les battues générales ou particulières, il est évident que son intention n'est pas de mettre à néant, dans un article postérieur, toutes les garanties données à la propriété, en permettant à un particulier de faire seul ce qu'il règlemente avec tant de soin. Il ne faudrait pas prétendre que la battue est une variété de chasse à tir, non défendue par la loi de 1844, et que la permission de traquer est contenue dans celle de chasser. Ne confondons pas la chasse avec la destruction des animaux nuisibles; ce sont deux choses toutes différentes. Quand il s'agit d'exercer le droit de chasse, tout est permis, sauf les exceptions indiquées par la loi; c'est à ce titre que la battue est permise[1]. Quand il s'agit de détruire, chez les autres, comme service officiel, des animaux nuisibles, tout est défendu sauf ce que la loi indique; or, elle est loin d'indiquer ici la battue, puisqu'elle impose à cette mesure des formalités spéciales.

184. — Les permissionnaires ne pourraient, non plus, être autorisés à employer des piéges contre les animaux nuisibles : tendre n'est réellement pas chasser et tel n'a pu être le but du Directoire, car la loi permettait alors à tous les propriétaires d'employer les piéges les plus variés (loi du 30 avril 1790, art. 15) et l'article 7 recommande de rendre compte au ministre, des animaux détruits non-seulement par ces chasses, mais même par les piéges tendus dans les

campagnes par les habitants. Les mots « s'y livrer » qui se trouvent dans la loi indiquent l'acte d'un véritable chasseur et non celui d'un tendeur. Il est possible enfin d'imposer la surveillance des agents forestiers pour des chasses mais non pour des tenderies. Tout concourt donc à démontrer que la loi se refuse à ce qu'il soit accordé des permissions de tenderies, malgré les mots « autres moyens pour ces chasses » qui se trouvent dans le texte.

185. — Ainsi la permission ne confère ni le droit de faire des battues ni celui de tendre des piéges. Sauf cette double restriction, le permissionnaire peut user de tous les modes de chasse : à tir, à courre, avec ou sans les gens de son équipage, au lévrier, à l'affût. C'est au préfet qu'il appartient de spécialiser la permission donnée en indiquant les modes de chasse dont il autorise l'emploi suivant les circonstances. Dans le silence de son arrêté et en supposant qu'il ait fait usage des termes même dont la loi se sert, tous les modes de chasse autres que la battue et les piéges seraient valablement employés par le permissionnaire.

Inutile de dire que si le préfet a autorisé un chasseur à faire une chasse avec équipage, ce chasseur n'aura nul besoin de se concerter avec le maire de la commune, puisque l'intervention de celui ci n'est indiquée que pour les battues et qu'elle n'est utile que pour assurer du monde à une chasse collective, qui est précisément interdite aux permissionnaires.

186. — Je viens de vous montrer quelle est, à l'é-

gard des permissions délivrées par l'autorité la signification du mot « chasse » de la même manière que
nous avons étudié le sens des mots « battues et chasses
générales » quand il s'agissait de cette mesure administrative (n° 143). Nous avons maintenant à rechercher le caractère que les permissions doivent avoir
pour être légales.

Le texte de l'article 5 est fort peu explicite et fort
mal rédigé. Au premier abord, quand on voit cet article, autoriser le préfet à permettre à des particuliers
de *se livrer* à la chasse des animaux nuisibles, on ne
peut que songer à un exercice permanent de la chasse,
à un mandat conférant au bénéficiaire le droit de
chasser les animaux nuisibles pendant un temps d'une
durée indéfinie.

Tel ne me paraît pas être le vœu de la loi.

Rappelez-vous que, sous le Directoire, les propriétaires de forêts avaient les plus grandes facilités pour
la destruction des animaux nuisibles : chasse à tir en
tout temps, libre emploi des piéges de toutes sortes.
C'est dans les forêts que se tiennent surtout les animaux nuisibles dont la destruction intéresse la généralité des habitants. Plus grandes sont les facilités
données à l'initiative de chacun, plus restreintes
doivent être les attributions conférées à l'administration pour parer à l'indifférence individuelle. A la rigueur, on concevrait de nos jours des permissions
permanentes puisque les propriétaires n'ont ni le droit
de chasser en tout temps, ni le droit d'avoir des pié-

ges. Mais, à cette époque, est-il permis de supposer que le Directoire ait songé à donner à l'administration le droit de faire chasser chez autrui, d'une manière permanente, des particuliers privilégiés? L'opinion publique, si fière de l'égalité devant la loi récemment conquise, aurait-elle pu supporter une pareille dérogation au régime général du droit de chasse en supposant que les permissions aient été accordées aux propriétaires sur leurs terrains? Il faut donc reconnaître que la permanence des permissions aurait été souverainement inutile et impolitique.

Veuillez bien remarquer aussi que la surveillance des agents forestiers qui est imposée aux porteurs de permissions serait une formalité impossible à remplir, si ces permissions pouvaient durer toute une année ou toute une saison de chasse. L'administration des forêts n'aurait pas assez d'agents, pas assez de gardes pour escorter dans leurs chasses tous ceux qui, ayant le moindre roquet, sont tentés de lui dérouiller les jambes, en demandant à le mettre au service du public. Le but d'une loi est indiqué par le sens dans lequel son exécution est possible et non par celui où elle est impossible. A ce titre l'on doit donc repousser l'idée de permissions d'une durée indéfinie.

Aussi le ministre de l'intérieur s'est rendu à l'évidence; il a recommandé aux préfets de ne point délivrer de permissions permanentes [235].

Voilà un premier point acquis.

Le ministre a été plus loin; il a recommandé aux

préfets de ne délivrer ces permissions d'une manière ni permanente ni temporaire, mettant les unes et les autres sur la même ligne dans ses circulaires. En cela, il me paraît avoir fait une très-exacte application de la loi [235].

Je vous demande ce que signifient les mots « permissions temporaires » s'ils ne veulent pas dire permissions de chasser pendant un certain temps d'une manière permanente, c'est-à-dire sans qu'il soit nécessaire de renouveler la permission autrement qu'à l'expiration du temps pour lequel elle a été accordée. Quelle limite aurait donc ce temporaire? Aucune, si ce n'est la volonté du préfet qui pourrait, en renouvelant une permission, la faire durer indéfiniment.

Je vous demande aussi quelle signification aurait l'institution de la louveterie, si l'arrêté de l'an v permettait des chasseurs officiels, temporaires. En l'an XIII le gouvernement institue des officiers spéciaux pour la chasse la plus difficile; il les oblige à avoir un équipage considérable; il les subordonne à la hiérarchie administrative du grand-veneur; en retour il leur donne mandat pour une année, comme la loi du 10 messidor an v l'autorisait à le faire. Le Gouvernement comprenait donc que l'article 5 de l'arrêté rendu quatre mois avant cette loi ne l'autorisait pas à créer des chasseurs officiels avec mandat temporaire. Autrement, il n'y aurait eu aucune raison pour créer la louveterie; autrement les lieutenants s'empresseraient tous de refuser des commissions qui les astreignent à des obligations nombreuses et demanderaient au préfet des permissions temporaires qui leur assureraient le droit de chasser tous les animaux nuisibles, l'affranchissement du lien hiérarchique, la dispense d'un équipage coûteux, la liberté la plus grande! Les simples permissionnaires auraient des pouvoirs bien plus étendus que les officiers de louveterie. Cela ne peut exister, et je ne suis pas ébranlé par les mots « s'y livrer », qui se trouvent dans l'article 5. On employait le langage du temps et on voulait utiliser ceux qui se livraient d'habitude au plaisir de la chasse et dont le nombre était rare encore.

Une objection pourrait se fonder sur la jurisprudence de la cour de cassation, antérieure à 1861 [13]. En refusant d'admettre la légalité de l'ordonnance de 1814 et en fondant les règles du service des lieutenants de louveterie uniquement sur l'article 5 de l'arrêté du 19 pluviôse an v, la cour suprême a certainement admis que les permissions de chasse pouvaient être temporaires comme celles des lieutenants. Or, en admettant comme elle l'a fait, par une plus exacte interprétation de la loi, que ce n'est pas dans cet article, mais dans l'ordonnance de 1814 que les lieutenants puisent leur qualité et leur pouvoir, la cour a certainement mis à néant les conséquences que l'on voudrait tirer d'une jurisprudence dont elle est déjà revenue par deux fois [14]. Il y a tout lieu de penser qu'elle la maintiendra et que le but et l'esprit de la loi directoriale ne lui échapperont pas.

187. — Il faut abandonner l'idée des permissions temporaires comme celle des permissions permanentes, car c'est tout un, et ne s'arrêter qu'à celle des permissions spéciales momentanées comme résultant du but même et de l'interprétation de la loi.

Ce but, je le vois clairement manifesté dans cette considération que les battues sont, par leurs formalités, destinées au cas où l'on ne sait pas au juste où se tient l'animal ; qu'elles peuvent être insuffisantes et que, s'il y a dans le pays un chasseur avec moyen de chasse, il sera fait appel à ce chasseur pour la *circonstance* même qui se présente. Je vous ai donné de nombreux exemples des circonstances dans lesquelles les permissions de chasse ont une réelle utilité (n° 179).

Cette interprétation, je la tire de la combinaison des articles 6 et 7 de l'arrêté de l'an v, dans lesquels, après avoir demandé un rapport de *chaque* battue, il est dit qu'il sera *également*, de la même manière, c'est-à-dire après *chaque* chasse, rendu compte du résultat. Je confirme ma démonstration par l'obligation de la surveillance forestière qui se conçoit quand elle est accidentelle, mais qui serait impraticable si les permissions devaient être permanentes ou temporaires. Enfin, nous avons déjà vu l'article 2 de l'arrêté de l'an v appliquer l'expression « chasses particulières » à un objet ou à un but déterminé. Il est bien permis de croire que, lorsque l'article 7 emploie identiquement les mêmes termes, c'est également, bien plus pour caractériser ces chasses en vue d'une circonstance spéciale, particulière, que pour rappeler qu'elles peuvent être accordées à des particuliers. Ce dernier sens serait par trop ingénu dans une disposition légale.

Concluons donc que les permissions ne pouvant être permanentes, ni même temporaires doivent être particulières, spéciales, c'est-à-dire qu'elles doivent être limitées à une chasse déterminée et doivent se renouveler à chaque occasion.

La pratique administrative n'a pas toujours partagé cette manière de voir : on a donné des permissions permanentes, et je ne suis pas bien certain que l'on ne donne plus de permissions temporaires.

Dans le fait, l'administration départementale n'a usé de son pouvoir que d'une manière assez modérée en ne délivrant les permissions temporaires de chasser les animaux nuisibles qu'aux propriétaires eux-mêmes. Il ne s'est produit ainsi aucune réclamation ; mais je voudrais bien voir ce qui se passerait s'il était donné des permissions dans les propriétés d'autrui, autrement que pour des circonstances bien déterminées. Les tribunaux ne tarderaient pas à être saisis de la question de leur légalité et l'affaire serait menée avec toute l'ardeur des plus beaux procès de chasse.

188. — En disant que la permission doit être spéciale, je n'entends pas soutenir qu'il faut, comme pour les battues, une autorisation pour chaque opération. Une traque est une mesure grave qui trouble profondément le gibier ; elle s'emploie quand on ne sait pas au

juste où est l'animal à détruire, et l'opération faite, il faut un certain temps avant que les animaux prennent leur cantonnement. Il faut un concours de monde et d'autorités qu'on ne peut mettre en mouvement que par une autorisation toute particulière. La chasse, au contraire, a bien pour but une circonstance déterminée, mais elle est loin de troubler autant le droit du propriétaire ; sa pratique même comporte un certain imprévu, et l'animal chassé revient habituellement aux lieux où il a son gîte. La permission serait suffisamment spéciale, à mon sens, si le préfet autorisait deux ou trois chasses dans un terrain un peu étendu, mais pour un cas *déterminé*.

Au surplus, c'est aux tribunaux à décider si une pareille permission aurait un caractère suffisamment spécial. Ils ont le pouvoir d'interpréter la loi et d'apprécier les faits. Interprètes de la loi, ils n'examinent ni l'usage du pouvoir préfectoral, ni l'utilité de la permission, mais seulement l'étendue du droit conféré par la disposition législative. Appréciateurs des faits, ils déterminent si leur caractère est conforme au but que le législateur a autorisé. Cette appréciation peut être parfois difficile, délicate ; mais, en principe, elle n'a rien qui subordonne l'administratif au judiciaire.

189. — Quant à la désignation des terrains ouverts au permissionnaire, l'arrêté n'a nul besoin de la faire en indiquant les noms des propriétaires. On peut désigner tout un territoire, toute une masse de forêts ; on pourrait même à la rigueur aller jusqu'à l'étendue

même du département, s'il s'agissait d'un animal dangereux qui y aurait fait une apparition insolite. Le cas sera rare, mais la loi ne limite pas à cet égard le pouvoir des préfets et il ne saurait être suppléé à son silence (n° 140).

190. Obligations. — La principale condition imposée à l'exercice du droit conféré au permissionnaire est l'obligation de n'en user que sous l'inspection et la surveillance des agents forestiers. Cette surveillance doit être effective; elle est indispensable et il ne suffit pas de la provoquer ni de passer outre, après avoir mis l'agent forestier en demeure de l'exercer. Elle est due aux propriétaires dont le droit de chasse va être temporairement exproprié; elle a pour but de vérifier non-seulement si le permissionnaire ne tue pas de gibier, mais encore s'il chasse seul, sans auxiliaire ni traqueur; si, en un mot, il n'use que du droit conféré par la loi aux porteurs de permission. Il est bien certain que l'obligation de cette surveillance confère aux agents forestiers un pouvoir indirect, mais réel sur les permissionnaires de chasse aux animaux nuisibles. Ce pouvoir est discrétionnaire de sa nature, par la double raison qu'il est administratif et qu'il est responsable. Tout ce que j'ai dit à l'occasion des battues est entièrement applicable ici. Le contrôle des agents forestiers sur les fonctions des lieutenants en diffère, parce qu'il est direct, hiérarchique; il se manifeste par des instructions de service, par la présentation à l'emploi, le retrait de la commission. A l'égard des permissionnaires, au contraire, il est indirect et sans lien administratif. Les uns sont des sortes de lieutenants éphémères, aptes à la chasse de tous les animaux nuisibles, sans rattachement avec le service des forêts, autre que l'obligation de la surveillance. Les autres ont un service permanent, spécial pour la grande chasse du loup; ils sont les lieutenants du Directeur général des forêts. La différence n'existe qu'au point de vue administratif; à cet égard seulement, elle peut avoir des conséquences (n° 192). En refusant de surveiller une battue ou une chasse d'un permissionnaire, l'administration forestière manquerait aux devoirs de son service. En s'opposant, pour cause d'inutilité, à une chasse d'un lieutenant de louveterie, elle ferait acte de ses attributions. En fait, la surveillance s'exerce pour les uns comme pour les autres et dans le même but. Lorsqu'il s'agit de devoir, les agents forestiers ne savent pas distinguer.

191. — La seule obligation imposée aux permissionnaires est « d'avoir un équipage de chasse et autres moyens de s'y livrer. » C'est une garantie donnée aux propriétaires, et s'il arrivait qu'une autorisation de chasse fût donnée à une personne absolument dépourvue de moyens de chasse, le but et l'esprit de la loi seraient méconnus. Les tribunaux en feraient justice, en condamnant celui qui chasserait ainsi en vertu d'une autorisation qui ne serait pas autre chose que la violation de la loi. Le cas sera bien rare. Peu im-

porte la composition de l'équipage et la puissance des moyens dont le chasseur dispose; l'élasticité des termes dont la loi se sert ne saurait que bien difficilement donner aux propriétaires le moyen de résister à l'exercice des permissions délivrées aux chasseurs les plus mal montés. L'équipage est relatif à la chasse à courre; les autres moyens dont parle la loi concernent toute espèce de chasse, celle à tir comme celle aux chiens courants. La loi ne s'explique ni sur la composition de l'équipage ni sur la nature des moyens de chasse. C'est prescrire implicitement que ces moyens doivent être *suffisants* pour le but à atteindre dans la chasse autorisée. Ce sera une question de fait qu'il est dans le pouvoir du juge de trancher.

192. — Il n'en est pas ainsi des lieutenants de louveterie; l'ordonnance de 1814 leur impose un *équipage* dont le *minimum* est déterminé; mais cette disposition ne crée qu'une obligation purement administrative pour le choix des lieutenants, et non un système de garantie que les tiers pourraient exiger.

L'équipage n'est qu'une condition de l'entrée des lieutenants dans les rangs du service forestier, si bien que son insuffisance peut être un motif du retrait de la commission [237] comme la négligence à remplir les fonctions (ord. 1814, art. 19). L'organisation tout administrative des lieutenances, leur rattachement au service des forêts ont pour effet de donner qualité à ces officiers, abstraction faite des conditions requises pour l'aptitude à l'emploi. A-t-on jamais contesté la légalité des actes faits par les membres d'une administration publique, parce que parfois ils ont été recrutés en dehors des règles d'admission ou d'avancement établies par le règlement organique de leur service? L'ordonnance de 1814 a la double qualité de règlement pour la louveterie et de loi obligatoire pour tous. Le caractère de règlement est indiqué dans le titre même de l'acte royal; celui de loi découle de la délégation faite par l'article 6 de la loi du 10 messidor an v. Au contraire, dans l'article 5 de l'arrêté du 19 pluviôse an v, il n'est possible de voir qu'une obligation légale comme dans toutes les dispositions de cet acte lui-même, dont il faut bien admettre la valeur législative (n° 13).

193. — Il ne saurait rien être ajouté aux conditions imposées par la loi. Ainsi le permis de chasse ne peut être exigé des permissionnaires quand ils se livrent à une chasse commandée par l'autorité. Ils en sont dispensés comme les lieutenants de louveterie (n° 64) et les chasseurs convoqués à une battue (n° 149).

194. Permissionnaires. — La permission peut être délivrée à tout chasseur ayant moyen de chasse. Toutes les convenances désignent au choix de l'administration les propriétaires et les lieutenants de louveterie.

S'il est besoin d'avoir recours à des chasses particulières pour débarrasser une forêt de ses animaux nuisibles, et si le propriétaire est chasseur, ou si la chasse de la forêt est louée, les plus vulgaires convenances veulent que la permission soit donnée au propriétaire ou au fermier des chasses. L'administration préfectorale n'y a jamais manqué [235]; mais en délivrant la permission, il faut bien remarquer que le préfet ne fait pas acte des fonctions que lui délègue l'article 9 de la loi du 3 mai 1844, concernant les animaux malfaisants. Ces animaux sont tout autres, en droit, que ceux dont notre législation s'occupe. Les arrêtés que le préfet peut prendre à leur égard, pour en autoriser la destruction, ont un caractère réglementaire qui les rend généraux, égaux pour tous, comme le serait la loi elle-même. Le préfet, qui est obligé de prendre l'avis du conseil général, ne peut autoriser certains propriétaires à user de moyens différents de ceux qu'il aurait défendus aux autres (*note C*). L'intérêt de cette distinction est que la surveillance forestière sera toujours indispensable et que la permission sera spéciale, momentanée, car elle est l'exécution du pouvoir donné aux préfets par l'arrêté du 19 pluviôse an v. On ne pourra chasser de la sorte que les animaux réellement nuisibles, tels qu'ils sont définis (n° 16). Quant aux animaux classés comme *malfaisants* par le préfet, il ne pourra être fait usage contre eux que des moyens autorisés en vertu de l'article 9. La raison de cette différence réside dans le plus grand degré de nocuité des animaux *nuisibles* qui seul justifie une dérogation aux règles de la police générale de la chasse.

Sans aucun doute, si la permission est donnée au

propriétaire pendant le temps où la chasse est permise, il n'y aura aucun intérêt à le surveiller, comme
il n'y aura même aucun intérêt pour lui à avoir cette
permission, puisqu'il peut chasser par tous les moyens
tous les animaux sauvages qui se trouvent sur son sol.
Mais quand la chasse est fermée, l'obligation de la
surveillance subsiste pour le propriétaire obligé d'observer les restrictions imposées par la loi à l'exercice
du droit de chasse. Cette surveillance peut être, par
le fait, moins stricte, moins rigoureuse que si l'on
était en face du droit de chasse d'un tiers ; en droit,
elle est la même.

195. — Rien n'empêche qu'une pareille permission
soit délivrée au lieutenant de louveterie ; tout le conseille, au contraire. Il arrive souvent qu'un lieutenant
n'a pas un équipage uniquement composé pour le loup.
(Cet animal est devenu trop rare maintenant, pour qu'il
soit fait un pareil luxe.) Quand bien même il y aurait, de temps en temps, occasion de l'exercer à cette
chasse difficile, les règlements interdisent de le découpler pendant le temps de fermeture (n° 97). Les louvetiers n'ont plus le droit d'exercer leurs chiens contre
le sanglier que pendant la saison des chasses, et il n'y
a pas toujours de forêt de l'État à proximité. Leurs
chiens sont donc exposés à se perdre au chenil. Pourquoi ne pas donner aux lieutenants des autorisations
qui permettraient à une institution utile de se conserver avec profit pour tous ? Leur qualité est une
garantie qu'on chercherait difficilement ailleurs [255].

196. — En ont-ils réellement besoin et leur commission ne leur donne-t-elle pas mandat permanent d'agir chaque fois que des animaux nuisibles, autres que le loup, se présentent dans leur arrondissement? Suivant certains auteurs, ils n'en auraient nul besoin. Je ne puis me ranger à cette manière de voir et l'étude détaillée que j'ai faite avec vous de leurs fonctions, oblige à reconnaître que l'ordonnance de 1814 les autorise bien à tendre des piéges contre tous les animaux nuisibles, mais ne leur permet de chasser que le loup, en vertu de leur commission (n° 88). Il y a même un cas où cette ordonnance, par un respect peut-être exagéré du droit des tiers, ne leur accorde qu'un droit de chasse bien restreint : c'est en temps de fermeture; l'attaque par un limier tenu au trait leur est seule permise, et il serait quelquefois utile de les autoriser à mettre un chien robuste et bien dressé en liberté sur la voie [238]. Enfin, le lieutenant peut être absent ou empêché; son piqueur, qui ne peut le remplacer, rendrait des services si on lui donnait de temps à autre une permission pour tenir son talent en haleine et pour utiliser les services d'une meute rendue inactive par l'absence du maître.

197. — Ce n'est que par des permissions spéciales données en vue de cas déterminés, comme celles qu'autorise l'article 5 de l'arrêté de pluviôse an v, que les pouvoirs des lieutenants peuvent être étendus et que l'on peut légalement et utilement tirer parti de leurs talents et de leurs moyens de chasse. L'indica-

tion même qui serait faite dans leur commission de
l'article 5 de l'arrêté de l'an v serait impuissante à leur
conférer cette extension de pouvoir. La capacité d'une
personne chargée d'un service public ne se tire pas
de sa commission, mais seulement de la loi qui régit
la fonction. Je vous demande un peu si un lieutenant
aurait qualité pour faire des procès-verbaux par cela
seul que le préfet aurait visé le Code forestier dans la
commission qu'il lui a délivrée. Il en est de même de
l'arrêté de l'an v ; celui-ci n'autorise que des permissions spéciales, pour des cas déterminés et non des
permissions permanentes. Le préfet ne peut conférer
à un lieutenant une permission qui serait en désaccord
formel avec la loi qu'il aurait lui-même visée.

Concluons donc que les lieutenants peuvent avoir
des permissions de chasse pour les animaux nuisibles ;
que c'est chose utile de leur en donner ; mais que ces
permissions doivent leur être délivrées en dehors et
en outre de leur commission, chaque fois que les circonstances l'exigeront [255].

198. Sanction. — Je n'ai rien de spécial à vous dire
sur les poursuites qui peuvent être intentées en cas
d'abus du droit conféré par les permissions. Je me
suis assez étendu sur ce point à l'occasion de la légis-
tion en général et des battues en particulier. Je me
borne à vous rappeler que le droit des permissionnaires ne se puise, une fois la permission accordée,
que dans la loi et non dans le pouvoir de l'adminis-

tration. Le pouvoir du préfet, comme le droit du permissionnaire, est limité par le respect de la loi. Contre le préfet, il y a le recours pour excès de pouvoir, qui s'intente sans frais (n° 20); contre le permissionnaire, et même contre l'agent forestier qui l'accompagne, il y a le droit de poursuite du propriétaire, des adjudicataires ou du ministère public.

Comme pour les battues, l'agent forestier doit faire un rapport à la suite de chaque chasse (art. 7). Ce rapport n'est qu'un état administratif, si la chasse a été régulière; il est un procès-verbal rédigé dans les formes légales, si l'agent pense qu'il doit y avoir poursuite, parce que la surveillance forestière a été négligée ou méconnue (n° 172).

199. — Vous êtes en état maintenant de résoudre les divers cas qui peuvent se présenter.

Le permissionnaire pour une chasse dans un territoire déterminé serait-il en délit, s'il sortait de ce territoire en suivant la voie de la bête régulièrement lancée? Même solution que pour les lieutenants de louveterie (n° 107).

Les agents forestiers peuvent-ils déléguer un garde pour surveiller la chasse autorisée? Même solution que pour les battues (n° 161).

Peuvent-ils constater les infractions par des procès-verbaux, même dans les propriétés particulières? C'est leur droit et leur devoir (n° 31).

Insister sur ces points serait vous exposer à de fastidieuses répétitions.

CONCLUSION.

200. — A cette longue étude, il faut une conclusion. La mienne est que notre législation sur les animaux nuisibles, si mal connue, si critiquée, est cependant aussi prévoyante et aussi complète que possible.

Laissez-moi vous la rappeler à grands traits :

Aux propriétaires possesseurs ou fermiers, le droit de défendre leurs propriétés et de repousser, sans commettre de délit de chasse, par tous les moyens, tous les animaux sauvages qui leur portent dommage. (Loi de 1844, art. 9.)

Aux propriétaires possesseurs ou fermiers, le droit de détruire, même en l'absence de dommage, les animaux malfaisants dont la liste et les moyens de destruction sont déterminés par les préfets selon les besoins des localités. (Loi de 1844, art. 9.)

A tout le monde, le droit de tuer le loup partout où il se présente, sans commettre de délit de chasse. Loi du 10 messidor an v.)

Voilà pour l'initiative privée, qui est excitée par des primes et des récompenses. (Lois des 28 sept.–6 oct. 1791 et 10 messidor an v.)

Quant aux mesures officielles, elles sont proportionnées aux circonstances et au degré de danger qu'offrent les animaux.

En ce qui concerne le loup, il y a un corps d'officiers chargés d'en faire la chasse spéciale. (Ord. 20 août 1814.)

En ce qui concerne les autres animaux nuisibles, il y a :

1° Dans le cas où l'on ne sait pas au juste où se tient l'animal, des battues et des chasses collectives organisées par les autorités locales. (Arrêté du 19 pluviôse an v.)

2° Dans le cas de besoin immédiat ou d'insuffisance des battues, des permissions de chasses spéciales données sans formalité à des chasseurs ou aux lieutenants de louveterie. (Arrêté du 19 pluviôse an v.)

3° Dans tous les cas, des piéges tendus par les soins des officiers de louveterie centralisant dans leur lieutenance cet art difficile.

L'ensemble de ces mesures est confié à la surveillance de l'administration des forêts, le seul de nos services publics dont les employés connaissent la chasse et les bois, garantie rassurante pour les tiers.

Que faut-il de plus et que peut-on raisonnablement demander ?

Peut-être l'indication limitative et non simplement énonciative des animaux nuisibles, — l'extension du pouvoir des lieutenants à la chasse de tous ces animaux, — plus de précision dans certains textes.

Peut-être aussi une modification de la loi de 1844

sur le transport du gibier, la détention et le transport
des piéges.

Mais c'est tout; la loi, en créant des droits de destruction, ne fera jamais que leur pratique ne se con-
fonde pas avec la chasse. L'imperfection est dans la
nature même des choses à réglementer; et au surplus,
ce qu'on peut désirer en cette matière n'est que de
mesquins détails qui méritent peu d'occuper en ce moment l'attention de nos législateurs.

APPENDICE

LÉGISLATION SUR LES ANIMAUX NUISIBLES

Janvier 1583. *Édit de Henry III sur les eaux et forest.*

ARTICLE 19.

Aussi pour le peu de soing que nos subjects habitans des villages et plats pays ont eu à l'occasion des guerres, qui, à nostre grand regret, ont duré pendant l'espace de vingt ans en cestuy nostre royaume, à l'extirpation des loups, qui sont accreuz et augmentez en tel nombre, qu'ils dévorent non seulement le bestail jusques ès basses courts et estables des maisons et fermes de nos pauvres subjects, mais encore sont les petits enfants en danger : Enjoignons ausdits grands-maîtres réformateurs, leurs lieutenans, maîtres particuliers, et autres, faire assembler un homme pour feu de chaque paroisse de leur ressort, avec armes

et chiens propres pour la chasse des dits loups
trois fois l'année, en temps plus propre et
commode qu'ils aviseront pour le mieux.

(Isambert, XIV. 526. — Henriquez. II. 34. — Saugrain. I. 179.
— Petit, I. 133. — Villeq., 433.)

18 Janvier 1600, *Édit général de Henry IV sur le fait
des chasses, la louveterie, etc.*

ARTICLE 6.

Et d'autant que depuis les guerres dernières, le nombre des loups est tellement accreu
et augmenté en ce royaume, qu'il apporte
beaucoup de perte et dommage à tous nos
pauvres subjects, Nous admonestons tous nos
seigneurs hauts-justiciers et seigneurs de fiefs,
de faire assembler de trois mois en trois mois,
ou plus souvent encore, selon le besoin qu'il
en sera, aux temps et jours plus propres et
commodes, leurs paysans et rentiers, et chasser au dedans de leurs terres, bois et buissons,
avec chiens, arquebuzes et autres armes aux
loups et renards, bléreaux, loutres et autres
bêtes nuisibles, et de prendre acte et attestations du devoir qu'ils en auront faict par de-

vant leurs officiers ou autres personnes publiques, et iceux envoyer incontinent après aux greffes des maîtrises particulières des eaux et forêts du ressort où ils seront demeurans ; révoquant par ce moyen toutes les permissions particulières que nous pourrions par importunité ou autrement avoir accordées et fait dépescher, de tirer l'arquebuse à qui que ce soit, s'il n'est de la dite qualité, et en son fief sur les marais et terres qui en dépendent seulement.

Juin 1601. *Édit de Henry IV* reproduisant textuellement le précédent article.

(Isambert, XV. 247. — Petit, I. 139. — Saugrain, I. 193-215. — Henriquez, II. 39-63. — Villeq., 431.)

---

26 février 1697. *Arrêt du conseil du Roi Louis XIV.*

Le Roi s'étant fait réprésenter, en son Conseil, le règlement général des eaux et forêts fait par le roi Henri III, au mois de janvier 1583, par lequel, article 19, il est enjoint aux grands-maîtres et maîtres particuliers des eaux et forêts, de faire assembler un homme par feu de chacune paroisse de leur ressort, avec ar-

mes et chiens propres pour la chasse aux loups,
trois fois l'année, aux temps qu'ils jugeraient
les plus propres et commodes ; comme aussi
ceux faits par le roi Henri IV, pour les eaux
et forêts et la chasse, au mois de mai 1597 et
juin 1601, portant injonction aux maîtres
particuliers et capitaines des chasses, de faire,
de trois mois, en trois mois, la chasse aux
loups ;

Et étant informé qu'il y a quantité de loups
dans les bois de la province de Berry, qui
mangent les bestiaux des habitants et leur
causent des pertes et dommages considérables,
et qu'il n'y a point d'officiers de louveterie
pour y faire des huées et chasses et voulant
y pourvoir :

Ouï le rapport du Sieur Phelypeaux, etc.,

Sa Majesté, en son Conseil, a ordonné qu'il
sera incessamment fait des huées et chasses
aux loups aux lieux et endroits de la dite
province de Berry qui seront jugés nécessaires
par le Sieur Begon, grand-maître des eaux et
forêts du département de Berry, ou en son
absence, par les officiers des maîtrises particulières de la dite province ; et qu'à cet effet,

les habitants des villes et villages, situés ès environs des dits lieux, seront tenus *d'y assister* et de *se trouver* aux jours, lieux et heures qui leur seront indiqués par le dit sieur Begon, ou les dits officiers, à peine de *dix livres d'amende*, contre chacun des défaillants, sans que sous prétexte de la dite chasse aux loups, aucun habitant puisse porter des armes aux jours qui ne leur seront pas indiqués, ni tirer sur aucun gibier de poil ou de plume, sur les peines portées par les ordonnances.

Enjoint Sa Majesté au dit Sieur Begon de tenir la main à l'exécution du présent arrêt etc. . .

14 janvier 1698. *Arrêt du conseil du Roi ordonnant l'exécution du précédent.*

(Henriquez, *C. des chasses*, II. 244-246. — Saugrain, I. 185-187. — Isambert, XX. 283-303. — Villeq., 442.)

---

28 Vendémiaire an V (19 octobre 1796). *Arrêté du Directoire exécutif qui interdit la chasse dans les forêts nationales.*

Le Directoire exécutif,
Sur le rapport du ministre des finances,
Considérant que le port d'armes et la chasse

sont prohibés dans les forêts nationales et des particuliers, par l'ordonnance de 1669 et par la loi des 28-30 avril 1790;

Que l'article 4, tit. 30 de l'ordonnance de 1669, fait défense à toutes personnes de chasser à feu et d'entrer ou demeurer de nuit dans les forêts domaniales, ni même dans les bois des particuliers, avec armes à feu, à peine de 100 livres d'amende et de punition corporelle, s'il y échoit;

Que les articles 8 et 12 du même titre défendent d'y prendre aucune aire d'oiseaux et d'y détruire aucune espèce de gibier avec engins, tels que tirasses, traineaux, tonnelles, etc., sous les mêmes peines;

Que l'article 1 de la loi des 28-30 avril 1790 défend à toutes personnes de chasser, en quelque temps et de quelque manière que ce soit, sur le terrain d'autrui, sans son consentement, à peine de 20 livres d'amende envers la commune du lieu et de 10 livres d'indemnité envers le propriétaire des fruits, sans préjudice de plus grands dommages-intérêts, s'il y échoit;

Arrête ce qui suit:

ART. 1. — La chasse dans les forêts nationales est interdite à tout particulier, sans distinction.

ART. 2. — Les gardes sont tenus de dresser, contre les contrevenants, des procès-verbaux dans la forme prescrite pour les autres délits forestiers et de les remettre à l'agent national près la ci-devant maîtrise de leur arrondissement.

ART. 3. — Les prévenus seront poursuivis en conformité de la loi du 3 brumaire an IV, relative aux délits et aux peines, et seront condamnés aux peines pécuniaires prononcées par les lois ci-dessus citées.

19 pluviôse an V (7 février 1797). *Arrêté du Directoire exécutif concernant la chasse aux animaux nuisibles.*

Le Directoire exécutif,

Sur le rapport du ministre des finances ;

Considérant que son arrêté du 28 vendémiaire dernier, portant défenses de chasser dans les forêts nationales, ne doit mettre aucun obstacle à l'exécution des règlements qui concernent la destruction des loups et autres animaux voraces ;

Que l'ordonnance de janvier 1583, article 19, enjoint aux agents forestiers de rassembler un homme par feu de leur arrondissement, avec armes et chiens propres à la chasse aux loups, trois fois l'année, aux temps les plus commodes;

Que celles de 1600 et 1601, ainsi que les arrêts du ci-devant Conseil, des 26 février 1697 et 14 janvier 1698, leur enjoignent de contraindre les sergents louvetiers à chasser aux loups, renards et autres animaux nuisibles, et de veiller à ce que cette chasse soit faite de trois mois en trois mois, ou plus souvent, suivant qu'il en sera besoin, par ceux qui avaient le droit exclusif de chasse dans leurs terres;

Arrête ce qui suit :

ART. 1. — L'arrêté du 28 vendémiaire dernier, relatif à la prohibition de chasser dans les forêts nationales, continuera d'être exécuté.

ART. 2. — Néanmoins, il sera fait dans les forêts nationales et dans les campagnes, tous les trois mois, et plus souvent s'il est nécessaire, des chasses et battues générales ou particulières aux loups, renards, blaireaux et autres animaux nuisibles.

ART. 3. — Les chasses et battues seront ordonnées par les administrations centrales des départements, de concert avec les agents forestiers de leur arrondissement, sur la demande de ces derniers et sur celle des administrations municipales de canton.

ART. 4. — Les battues ordonnées seront exécutées sous la direction et la surveillance des agents forestiers, qui régleront, de concert avec les administrations municipales de canton, les jours où elles se feront et le nombre d'hommes qui y seront appelés.

ART. 5. — Les corps administratifs sont autorisés à permettre aux particuliers de leur arrondissement qui ont des équipages et autres moyens pour ces chasses, de s'y livrer sous l'inspection et la surveillance des agents forestiers.

ART. 6. — Il sera dressé procès-verbal de chaque battue, du nombre et de l'espèce des animaux qui auront été détruits : un extrait en sera envoyé au ministre des finances.

ART. 7. — Il lui sera également envoyé un

état des animaux détruits par les chasses particulières, mentionnées en l'article 5, et même par les piéges tendus dans les campagnes par les habitants, à l'effet d'être pourvu, s'il y a lieu, sur son rapport, au payement des primes promises par l'article 20, section iv, du Code rural, et le décret du 11 ventôse an iii.

ART. 8. — Le ministre des finances est chargé de l'exécution du présent arrêté, qui sera envoyé aux administrations centrales des départements.

10 messidor an V (28 juin 1797). *Loi relative à la destruction des loups.*

Art. 1. — Les fonds accordés provisoirement aux administrations départementales pour la destruction des loups, par ordre du ministre de l'intérieur, seront alloués à ce ministre, sauf par lui de justifier de l'emploi.

ART. 2. — La loi du 11 ventôse an iii est abrogée ; et à l'avenir, par forme d'indemnité et d'encouragement, il sera accordé à tout citoyen une prime de cinquante livres par chaque tête de louve pleine, quarante livres par chaque tête de loup, et vingt livres par chaque tête de louveteau.

ART. 3. — Lorsqu'il sera constaté qu'un loup, enragé ou non, s'est jeté sur des hommes ou des enfants, celui qui le tuera aura une prime de cent cinquante livres.

ART. 4. — Celui qui aura tué un de ces animaux et voudra toucher l'une des primes énoncées dans les deux articles précédents, sera tenu de se présenter à l'agent municipal de la commune la plus voisine de son domicile et d'y faire constater la mort de l'animal, son âge et son sexe : si c'est une louve, il sera dit si elle est pleine ou non.

ART. 5. — La tête de l'animal et le procès-verbal dressé par l'agent municipal seront envoyés à l'administration départementale, qui délivrera un mandat sur le receveur du département, sur les fonds qui seront à cet effet mis entre ses mains par ordre du ministre de l'intérieur.

ART. 6. — Le Directoire exécutif est autorisé à laisser subsister et même à former, s'il y a lieu, des établissements pour la destruction des loups.

19 ventôse an X (10 mars 1802). *Loi sur les forêts communales.*

ART. 1. — Les bois appartenant aux communes sont soumis au même régime que les bois nationaux et l'administration, garde et surveillance en sont soumis aux mêmes agents.

..... ART. 9. — Toutes les dispositions précédentes sont applicables aux bois des hospices et des autres établissements publics.

15 août 1812. *Ordonnance royale sur les attributions du Grand-Veneur.*

ART. 1. — La surveillance et la police des chasses dans les forêts de l'État sont dans les attributions du Grand-Veneur.

ART. 2. — La louveterie fait partie des mêmes attributions.

ART. 3. — Les conservateurs, les inspecteurs et les gardes forestiers recevront les ordres du Grand-Veneur pour tout ce qui a rapport aux chasses et à la louveterie.

Cette ordonnance est la reproduction du décret du 8 fructidor an XII [26 août 1804].

20 août 1814. *Règlement portant organisation de la louveterie.*

(Ordonnance insérée au *Bulletin des lois* le 18 août 1852 sous le nº 4327.)

ART. 1. — La louveterie est dans les attributions du Grand-Veneur. (Ordonnance du 15 août 1814.)

ART. 2. — Le Grand-Veneur donne des commissions honorifiques de lieutenant de louveterie, dont il détermine les fonctions et le nombre par conservation forestière et par département, dans la proportion des bois qui s'y trouvent et des loups qui les fréquentent.

ART. 3. — Ces commissions sont renouvelées tous les ans.

ART. 4. — Les dispositions qui peuvent être faites par suite des différents arrêtés concernant les animaux nuisibles, appartiennent à ses attributions.

ART. 5. — Les lieutenants de louveterie reçoivent les instructions et les ordres du Grand-Veneur pour tout ce qui concerne la chasse des loups.

ART. 6. — Ils sont tenus d'entretenir, à

leurs frais, un équipage de chasse composé au moins d'un piqueur, deux valets de limiers, un valet de chiens, dix chiens courants et quatre limiers.

Art. 7. — Ils seront tenus de se procurer les piéges nécessaires pour la destruction des loups, renards et autres animaux nuisibles, dans la proportion des besoins.

Art. 8. — Dans les endroits que fréquentent les loups, le travail principal de leur équipage doit être de les détourner, d'entourer les enceintes avec les gardes forestiers et de les faire tirer au lancé ; on découple si cela est jugé nécessaire (car on ne peut jamais penser à détruire les loups en les forçant). Au surplus, ils doivent présenter toutes leurs idées pour parvenir à la destruction de ces animaux.

Art. 9. — Dans le temps où la chasse à courre n'est plus permise, ils doivent particulièrement s'occuper à faire tendre des piéges avec les précautions d'usage, faire détourner les loups, et, après avoir entouré les enceintes de gardes, les attaquer à trait de limier sans se servir de l'équipage, qu'il est défendu de découpler ; enfin, faire rechercher avec grand soin les portées de louves.

ART. 10. — Ils feront connaître ceux qui auront découvert des portées de louveteaux. Il sera accordé par chaque louveteau une gratification qui sera double si l'on parvient à tuer la louve.

ART. 11. — Quand les lieutenants de louveterie ou les conservateurs des forêts jugeront qu'il sera utile de faire des battues, ils en feront la demande au préfet, qui pourra lui-même provoquer cette mesure. Ces chasses seront alors ordonnées par le préfet, commandées et dirigées par les lieutenants de louveterie, qui, de concert avec lui et le conservateur, fixeront le jour, détermineront les lieux et le nombre d'hommes. Le préfet en préviendra le ministre de l'intérieur et le Grand-Veneur.

ART. 12. — Tous les habitants sont invités à tuer les loups sur leurs propriétés ; ils en enverront les certificats aux lieutenants de louveterie de la conservation forestière, lesquels les feront passer au Grand-Veneur, qui fera un rapport au ministre de l'intérieur, à l'effet de faire accorder des récompenses.

Art. 13. — Les lieutenants de louveterie feront connaître journellement les loups tués dans leur arrondissement et, tous les ans, enverront un état général des prises.

Art. 14. — Tous les trois mois, ils feront parvenir au Grand-Veneur un état des loups présumés fréquenter les forêts soumises à leur surveillance.

Art. 15. — Les préfets sont invités à envoyer les mêmes états, d'après les renseignements particuliers qu'ils pourraient avoir.

Art. 16. — Attendu que la chasse du loup, qui doit occuper principalement les lieutenants de louveterie, ne fournit pas toujours l'occasion de tenir les chiens en haleine, ils ont le droit de chasser à courre, deux fois par mois, dans les forêts de l'Etat faisant partie de leur arrondissement, le chevreuil-brocard, le sanglier ou le lièvre, suivant les localités. Sont exceptés les forêts ou les bois du domaine de l'Etat de leur arrondissement, dont la chasse est particulièrement donnée par le roi aux princes ou à toute autre personne.

Art. 17. — Il leur est expressément défendu de tirer sur le chevreuil et le lièvre. Le sanglier est excepté de cette disposition dans le cas seulement où il tiendrait aux chiens.

Art. 18. — Ils seront tenus de faire connaître chaque mois le nombre d'animaux qu'ils auront forcés.

Art. 19. — Les commissions de lieutenants de louveterie seront renouvelées tous les ans; elles seront retirées dans le cas où les lieutenants n'auraient pas justifié de la destruction des loups.

Art. 20. — Tous les ans, au 1er mai, il sera fait, sur le nombre des loups tués dans l'année, un rapport général qui sera mis sous les yeux du roi.

Art. 21. — L'uniforme est déterminé comme il suit :

Habit bleu, droit, à la française avec collet et parements de velours bleu pareil, galonné sur le devant et au collet; poches à la française et en pointe, également galonnées; parements en pointe avec deux chevrons pour les lieutenants. — Le galon sera en or et en argent; — boutons de métal jaune, sur lequel sera empreint un loup; — veste et culotte chamois; — chapeau retapé à la française avec ganse or et argent ; — couteau de chasse en argent, avec un ceinturon en buffle jaune galonné comme l'habit ; — bottes à l'écuyère ; — éperons plaqués en argent.

Art. 22. — Uniforme des piqueurs :

L'habit sera le même que celui des officiers, excepté que le bouton sera en métal blanc et que le galon sera un tiers d'or sur deux tiers d'argent.

Art. 23. — Harnachement du cheval :

Bride à la française avec bossette sur laquelle sera un loup ; — bridon de cuir noir ; — selle à la française en volaque blanc ou en velours cramoisi ; — housse cramoisie, garnie en galons or et argent ; — croupière noire unie et la boucle plaquée ; — étriers noirs vernis ; — martingale noire unie ; — sangles à la française.

Art. 24. — Cet uniforme est permis, mais non obligatoire.

Approuvé : signé LOUIS.

Pour copie conforme :
Le ministre secrétaire d'État de la maison
du Roi,
Signé : Blacas.

Cette ordonnance est la reproduction presque littérale du décret du 1er germinal an XIII (22 mars 1805) ; il ne présente de différence que par la suppression des grades de capitaine général et capitaine de louveterie et par la création de l'uniforme.

14 septembre 1830. *Ordonnance sur la surveillance de la chasse et la louveterie.*

Louis-Philippe, etc.,

Vu l'ordonnance du 15 août 1814 qui confie au grand-veneur la surveillance et la police de la chasse dans les forêts de l'Etat, et le règlement du 20 du même mois qui détermine les fonctions à remplir à cet égard par le grand-veneur, le devoir des agents forestiers et les obligations imposées aux personnes qui auront obtenu des permissions de chasse ;

Voulant pourvoir immédiatement aux besoins de cette partie de l'administration publique ;

Sur le rapport de notre ministre secrétaire d'Etat des finances ;

Nous avons ordonné, etc.

Art. 1. — Provisoirement, et jusqu'à ce

que des mesures définitives aient pu être adoptées, la surveillance et la police des chasses
dans les forêts de l'Etat sont confiées à l'administration des forêts, laquelle remplira à
cet égard les fonctions attribuées au grand-
veneur.

Art. 2. — Les dispositions du règlement
du 20 août 1814, relatif aux chasses dans les
forêts et bois du domaine de l'Etat, continue-
ront à être exécutées dans tout ce qui n'est
pas contraire à la présente ordonnance.

21 avril 1832. *Loi de finance ordonnant la mise en
ferme du droit de chasse dans les forêts de l'État.*

Art. 5. — A partir du 1ᵉʳ septembre 1832,
le droit de chasse dans les forêts de l'Etat sera
affermé et mis en adjudication.

Le gouvernement est chargé de faire tous
les règlements nécessaires pour assurer l'exécution de cette disposition.

24 juillet-18 août 1832. *Ordonnance relative au droit
de chasse dans les forêts de l'État.*

Louis-Philippe, etc.,

Vu l'article 5 de la loi de finances du 21
avril 1832, ainsi conçu :....

Vu l'ordonnance royale du 15 août 1814 et le règlement du 20 du même mois, relatif aux chasses dans les forêts de l'Etat ;

Vu le règlement du même jour 20 août 1814, relatif à l'organisation de la louveterie ;

Vu notre ordonnance du 14 septembre 1830, qui confie provisoirement à l'administration des forêts la surveillance et la police des chasses dans les dites forêts ;

Sur le rapport de notre ministre des finances ;

Nous avons ordonné, etc.

Art. 1. — Le droit de chasse dans les forêts de l'État sera loué au profit de l'État, par adjudication publique aux enchères.

Art. 2. — A défaut d'offres suffisantes, l'administration pourra délivrer des permissions à prix d'argent, sur soumissions cachetées, avec publicité et concurrence, d'après le mode qui sera ultérieurement fixé par notre ministre des finances.

Art. 3. — La durée des baux et des permissions est limitée à une saison, qui commencera le 15 septembre 1832 pour finir au 15 mars 1833.

Art. 4. — Un cahier des charges, approuvé par notre ministre des finances, réglera toutes les conditions auxquelles les fermiers et les porteurs de permissions devront être assujettis.

Il devra contenir toutes les dispositions nécessaires à l'effet d'assurer la destruction des animaux nuisibles, tant dans l'intérêt de la conservation des forêts que pour préserver de tout dommage les propriétés particulières.

Art. 5. — Les fermiers de la chasse, ainsi que leurs associés et les porteurs de permissions, seront tenus de concourir aux chasses et battues qui seront ordonnées par les préfets pour la destruction de ces animaux.

Art. 6. — Notre ordonnance du 14 septembre 1830 sur la surveillance et la police des chasses dans les forêts de l'Etat continuera à recevoir son exécution.

Néanmoins, le droit de chasse à courre, attribué dans ces forêts aux lieutenants de louveterie, sera restreint à la chasse du sanglier. Ces officiers conserveront, du reste, tous les autres droits et attributions attachés à leurs commissions.

21 décembre 1844. — 20 janvier 1845. *Ordonnance concernant la nomination des lieutenants de louveterie.*

LOUIS-PHILIPPE, etc.,

Vu notre ordonnance du 14 septembre 1830;

Sur le rapport de notre ministre secrétaire d'État des finances;

Avons ordonné, etc.

ART. 1. — A l'avenir, les lieutenants de louveterie seront nommés par Nous, sur la présentation de notre ministre des finances.

ART. 2. — Notre ministre secrétaire d'État au département des finances est chargé de l'exécution de la présente ordonnance, qui sera insérée au *Bulletin des Lois* (n° 11760).

29 juin. — 12 juillet 1845. *Ordonnance du roi relative à la chasse dans les forêts domaniales.*

LOUIS-PHILIPPE, etc.,

Vu l'ordonnance royale du 15 août 1814 et le règlement du 20 du même mois relatif aux chasses dans les forêts de l'État;

Le règlement du même jour, 20 août 1814, relatif à l'organisation de la louveterie;

Notre ordonnance du 14 septembre 1830,

qui confie provisoirement à l'administration des forêts la surveillance et la police de la chasse dans lesdites forêts ;

La loi du 21 avril 1832 et notre ordonnance du 24 juillet suivant, concernant la mise en ferme du droit de chasse dans les mêmes forêts ;

L'article 5 de la loi du 24 avril 1833, ainsi que les observations de l'administration forestière ;

Sur le rapport de notre ministre des finances ;

Nous avons ordonné, etc.

ART. 1er. — A l'avenir, le droit de chasse dans les forêts domaniales sera affermé, soit par adjudication aux enchères et à l'extinction des feux, soit par adjudication au rabais, soit enfin sur soumissions cachetées, suivant que les circonstances l'exigeront.

ART. 2. — Les baux pourront être consentis pour une durée de neuf années.

ART. 3. — Un cahier des charges, approuvé par notre ministre des finances, règlera les conditions auxquelles les fermiers seront assujettis. Il devra contenir les dispositions nécessaires à l'effet d'amener la destruction des animaux nuisibles, tant dans l'intérêt de la conservation des forêts qu'en vue de préserver de tous dommages les propriétés particulières.

ART. 4. — Les fermiers de la chasse, ainsi que leurs associés, seront tenus de concourir aux chasses et battues qui seront ordonnées par les préfets pour la destruction des animaux nuisibles.

ART. 5. — Notre ordonnance du 14 septembre 1830 sur la surveillance et la police des chasses dans les forêts de l'État continuera à recevoir son exécution.

Néanmoins, le droit de chasse à courre, attribué dans ces forêts aux lieutenants de louveterie, sera restreint à la chasse du sanglier et ne pourra être exercé que pendant le temps où la chasse est permise.

25 mars 1852. *Décret sur la décentralisation administrative.*

ART. 5. — Les préfets nomment directement, sans l'intervention du gouvernement et sur la présentation des divers chefs de service, aux fonctions et emplois suivants :

.... 17° Les lieutenants de louveterie.

ART. 6. — Les préfets rendront compte de leurs actes aux ministres compétents dans les formes et pour les objets déterminés par les instructions que ces ministres leur adresseront.

Ceux de ces actes qui seraient contraires aux lois et règlements ou qui donneraient lieu aux réclamations des parties intéressées pourront être annulés ou réformés par les ministres compétents.

3 mai 1852. *Arrêté du ministre des finances pour l'exécution du décret précédent.*

ART. 1. — La nomination des lieutenants de louveterie a lieu sur l'avis du conservateur des forêts.

ART. 2. — Le nombre des emplois de lieutenants de louveterie est fixé par le préfet, sur la proposition du conservateur. Toutefois, ce nombre ne pourra excéder celui des arrondissements de sous-préfecture, à moins de circonstances exceptionnelles qui seront soumises à l'appréciation du Directeur général des forêts.

.... ART. 7. — Les nominations des lieutenants de louveterie.... sont portées immédiatement par les préfets à la connaissance du ministre des finances.

Décret du 13 avril 1861 *sur la décentralisation administrative.*

Les sous-préfets statueront désormais, soit directement, soit par délégation des préfets, sur les affaires qui, jusqu'à ce jour, exigeaient la décision préfectorale et dont la nomenclature suit :

.... 12° Autorisation de battues pour la destruction des animaux nuisibles dans les bois des communes et des établissements de bienfaisance.

CIRCULAIRES ADMINISTRATIVES.

Résumé de l'instruction du ministre de l'intérieur du 9 juillet 1818 pour la destruction des loups (D. B., v° chasse, n° 501. — Villeq., page 462).

Monsieur le préfet, il paraît que le nombre des loups a augmenté en France depuis quelques années. Parmi les causes qui ont pu y contribuer, on doit compter la négligence avec laquelle sont exécutés les lois et règlements concernant la destruction de ces animaux nuisibles. La suite de cette négligence a été funeste et des accidents ont eu lieu, dont l'agriculture et les personnes ont été victimes. Le roi veut qu'on s'en occupe promptement et a chargé M. le grand-veneur et moi des mesures à prendre à cet effet.

Sur la demande de M. le grand-veneur, une commission, présidée par lui et composée de MM. Huzard et Rose, de l'académie des sciences et de la société royale et centrale d'agriculture, Fauchat, chef de la première division de mon ministère, et Bournonville, chef du bureau de l'agriculture, a été nommée pour discuter ces mesures et rédiger une instruction sur leur emploi. Le but à atteindre doit être, sinon de purger entièrement le royaume des loups, au moins d'en débarrasser complétement les pays situés le long des côtes et d'en réduire considérablement le nombre dans les départements limitrophes de l'étranger.

La destruction des loups a été l'objet de mesures générales et de moyens qu'il est utile de rappeler.

Ces mesures générales sont :

1° L'établissement des officiers de louveterie ;

2° Celui des primes décernées à toute personne qui a tué un loup ;

3° Des chasses générales et battues ordonnées par MM. les préfets sur les rapports qui leur sont faits.

Les moyens de destruction sont les chasses à courre et à tir faites soit isolément, soit en battues ; les piéges, traquenards et trappes, et, dans quelques lieux, l'empoisonnement.

Officiers de louveterie. — Chasses particulières.

M. le grand-veneur, dans ses instructions à MM. les officiers de louveterie, leur a rappelé leurs devoirs ; il ne leur a pas laissé ignorer que la conservation de leurs commissions dépendait de leur zèle et de leur activité Il est à propos qu'ils vous rendent compte exactement du résultat de leurs chasses. Il faut aussi qu'ils vous préviennent de l'existence des animaux nuisibles, pour que vous prescriviez des mesures de destruction. Lorsque des battues générales seront ordonnées, il est naturel de leur en confier la direction. Leur devoir est d'y coopérer de tous leurs moyens.

On ne peut guère espérer de détruire beaucoup de loups par les chasses particulières. Cependant, d'après les états publiés, ce moyen n'est pas à négliger.

Primes.

Les primes d'encouragement ont aussi produit quelques effets, mais pas autant qu'il y avait lieu d'espérer, à cause de la lenteur avec laquelle les primes méritées se règlent et s'acquittent.

Elles se prélèvent sur les fonds des dépenses imprévues et, par conséquent, il dépend de vous d'en accélérer le payement. Il peut même s'effectuer de suite, si la prime demandée est conforme au tarif du gouvernement (décision du 25 septembre 1807), sauf à m'en informer, afin que je régularise l'emploi des fonds.

Si la prime doit excéder le taux ordinaire, vous m'en soumettrez la demande.

Si quelque personne est blessée par des loups et qu'elle ait besoin de secours, vous pouvez lui faire toucher provisoirement un à-compte sur la somme que vous aurez jugée nécessaire et vous me trouverez toujours disposé à approuver de pareilles dépenses.

Je suis convaincu par l'expérience que l'exactitude à acquitter les primes encourage davantage que l'élévation de leur taux, qui met l'administration dans l'impossibilité de tenir ses promesses et surcharge le département d'une dépense trop forte.

Vous donnerez toute la publicité convenable au tarif fixé par le gouvernement pour les primes, qui sont de :

18 francs par louve pleine ;

15 francs par louve non pleine ;

12 francs par loup ;

6 francs par louveteau.

La décision du 25 septembre 1807 ne portait qu'à trois francs la prime du louveteau ; j'ai cru convenable de la doubler.

Vous annoncerez en même temps que, sauf les cas extraordinaires, ces primes seront payées régulièrement dans la quinzaine qui suivra la déclaration faite dans la forme voulue et avec les preuves d'usage.

Vous prendrez les arrangements nécessaires pour que la prime soit payée dans le délai indiqué et autant que possible sans déplacement de la partie intéressée.

La présentation du loup détruit devrait se faire au maire de la commune, qui en dressera procès-verbal constatant le nom du destructeur, l'âge et le sexe de l'animal et la quotité de la prime méritée. Il joindrait à ce procès-verbal et au contrôle de l'animal détruit (*) une quittance de la partie prenante pour le montant de la prime.

Le tout serait envoyé par le maire au chef de l'administration dans l'arrondissement, qui délivrerait un mandat, appuyé de la quittance et payable à vue sur

---

(*) Le contrôle peut varier suivant les usages et les distances, mais dans tous les cas la patte droite antérieure et les deux oreilles de l'animal détruit doivent en faire partie. Il sera pris des mesures pour que les mêmes contrôles ne puissent servir deux fois.

les fonds imprévus. La somme payée serait transmise au maire de la commune par la voie de la correspondance administrative et vous vous assureriez qu'elle a été remise à sa destination.

Je m'en rapporte du reste à vous pour organiser cette partie du service, selon les localités et de la manière la plus convenable.

Chasses générales ou battues.

Les battues bien combinées et bien conduites sont un moyen efficace ; elles ont été faites jusqu'alors avec peu d'habileté et d'expérience et n'ont servi qu'à déplacer le gibier. Je vous invite à rechercher les moyens de rendre ces battues profitables à l'intérêt commun et à vous concerter, dans ce but, avec MM. les officiers de louveterie et de la gendarmerie.

D'après les ordonnances de 1600, 1601 et 1669, qui ne sont pas abrogées, il était prescrit de faire des battues au loup tous les trois mois et plus souvent encore selon les besoins.

Ainsi, Monsieur le préfet, vous êtes légalement autorisé à ordonner des chasses générales ou battues toutes les fois que cela vous paraîtra nécessaire et les habitants des communes que vous désignerez, en ayant soin de prévenir les maires, seront tenus d'y assister. Vous aurez soin que ces battues ne soient pas tumultueuses par le trop grand nombre d'hommes qui y seraient appelés, ni fatigantes pour les administrés par des appels trop fréquents.

Sauf les cas extraordinaires, ces battues générales pourraient se faire habituellement à deux époques de l'année, au mois de mars, avant que la terre soit couverte, et vers le mois de décembre, aux premières neiges.

Pour les rendre utiles, on pourrait les faire en même temps sur une grande étendue, afin que les animaux qui échapperaient à une battue retombassent dans l'autre.

Piéges, traquenards, batteries, fosses.

L'usage de tendre des piéges pour les loups peut être continué, mais il exige des hommes expérimentés pour les disposer et des précautions pour éviter les accidents.

Dans les endroits ouverts, il ne peut être placé de piéges à loup qu'après avoir prévenu le maire de la commune et avoir obtenu sa permission. Celui-ci ferait annoncer publiquement les lieux où devraient être tendus les piéges, afin qu'on pût les éviter. — Dans aucun cas, ils ne doivent être placés dans les chemins ou sentiers pratiqués.

Les divers ouvrages dont on donnera plus loin la notice contiennent la description de piéges qu'on peut employer. Il est fait mention dans le *Cours d'agriculture* de M. l'abbé Rozier d'un piége qui n'aurait pas d'inconvénient et qui est usité dans certaines parties de la France.

« On forme avec des pieux de cinq à six pieds de

« long, qu'on plante solidement en terre à la distance
« d'un demi-pied l'un de l'autre, une enceinte circu-
« laire d'environ une toise de diamètre, au milieu de
« laquelle on attache une brebis vivante ayant une ou
« plusieurs sonnettes au cou. On plante ensuite d'au-
« tres pieux également espacés de six pouces entre
« eux, pour former extérieurement une seconde en-
« ceinte éloignée de la première d'environ deux pieds.
« On laisse à cette seconde enceinte une ouverture
« avec une porte ouverte du côté gauche, qui permet
« au loup d'entrer seulement à droite. Une fois que
« l'animal est entré dans les deux enceintes, il va tou-
« jours en avant, comptant pouvoir saisir sa proie ; et
« quand il est parvenu à l'endroit par lequel il était
« entré, ne pouvant se retourner, les mouvements qu'il
« fait pour aller en avant font fermer la porte. »

Il est aussi parlé de ce piége dans le *Nouveau Cours
d'agriculture*, an 13ᵉ vol., chez Déterville, 1809.

Empoisonnement.

Il me reste à vous parler d'un dernier mode qui a
été jugé unanimement préférable à tous les autres,

1° Parce qu'on peut s'en servir en toute saison ;

2° Parce qu'il n'occasionne ni déplacement ni dérangement de personne ;

3° Parce qu'il est peu coûteux ;

4° Parce qu'il peut être employé simultanément
dans tout le royaume.

Il n'est pas facile d'empoisonner le loup. Cet animal

très-vorace est en même temps très-méfiant; il évente
la moindre trace de l'homme et tous les poisons ne
sont pas également efficaces. Quelques-uns, par leur
activité, n'ont pour résultat que de le faire vomir.
L'émétique et l'arsenic ne lui occasionnent que le vo-
missement. Le verre pilé n'est pas d'un effet certain,
même pour le chien.

Il paraît prouvé que la noix vomique est la subs-
tance la plus efficace. Son emploi a été recommandé
par M. l'abbé Rozier dans son *Cours d'agriculture*,
article *loup*. Ce savant assure en avoir fait lui-même
l'expérience avec le plus grand succès. Voici ce qu'il
en dit : « Prenez un ou plusieurs chiens ou vieilles
« brebis que vous faites étrangler. Ayez de la noix
« vomique rapée fraîchement (on trouve cette subs-
« tance chez tous les apothicaires), faites une quin-
« zaine ou une vingtaine de trous avec un couteau
« dans la chair, suivant la grosseur de l'animal,
« comme au râble, aux cuisses, aux épaules. Dans
« chaque trou, vous mettez un quart d'once ou une
« demi-once de noix vomique le plus avant qu'il sera
« possible. Vous boucherez ensuite l'ouverture avec
« quelque graisse ou mieux encore vous rapprocherez
« par une couture les deux bords de la plaie, afin que
« la noix vomique ne puisse s'échapper. Liez ensuite
« l'animal par les quatre pattes avec un osier et non
« avec des cordes qui conservent trop longtemps l'o-
« deur de l'homme. Enterrez l'animal ainsi préparé
« dans du fumier qui travaille. Il doit y rester pendant

« l'hiver pendant trois jours et trois nuits, suivant le
« degré de chaleur du fumier, et vingt-quatre heures
« pendant l'été. Attachez une corde à l'osier qui lie
« les pattes et traînez l'animal par de longs circuits
« jusqu'à l'endroit le plus fréquenté par les loups :
« alors, suspendez-le à une branche d'arbre et assez
« pour que le loup soit obligé d'attaquer le chien par
« le râble.

« Le loup est un animal vorace; il mâche peu le
« morceau qu'il arrache. Il avale de suite et le poison
« ne tarde pas à faire son effet. On est sûr de le trou-
« ver mort le lendemain; souvent il n'a pas le temps
« de gagner son repaire.

« Si on conseille de se servir d'un chien, ce n'est
« pas que cet animal attire le loup plus que les autres;
« mais comme le chien ne mange pas la chair du chien,
« on ne craint pas que ceux du voisinage viennent
« dévorer l'appât, comme ils le feraient si on avait
« placé une brebis ou une chèvre.

« On peut mettre ce procédé en pratique dans tou-
« tes les saisons et jours de l'année, dès qu'on est in-
« commodé par le voisinage des loups. Cependant, la
« meilleure saison pour l'employer est l'hiver quand
« il gèle bien.

« L'argent que le gouvernement accorde pour cha-
« que tête de loup pourrait être employé à l'achat de
« la noix vomique. Chaque commune serait tenue de
« fournir les chiens ou les vieilles brebis et les maires
« seraient chargés de faire exécuter l'opération et de

« la répéter plusieurs fois dans un même hiver. Je ne
« crains pas d'avancer que si cette opération était
« générale dans tout le royaume et suivie avec soin et
« zèle pendant plusieurs années consécutives, on ne
« vînt à bout d'anéantir tous les loups. »

Tel est le procédé dont la commission recommande
l'usage. Vous prescrirez aux maires dont les communes sont fréquentées par les loups de faire préparer
par le garde champêtre des appâts tels qu'ils sont dé-
crits. Les frais peu considérables qu'ils feront pour
cela seront remboursés sur les fonds des dépenses
imprévues, d'après les mémoires qu'ils fourniront et
que vous règlerez.

Ce procédé devra être continué aussi longtemps
qu'il existera des loups dans votre département et
principalement dans les temps de neige et de glace.
(Les gardes ne doivent pas ignorer que les vieux loups
sont les plus méfiants et qu'on ne peut espérer de les
voir donner de prime abord sur un appât : il faut attendre pour placer cet appât que le loup ait donné au
carnage.)

Vous recommanderez à MM. les maires de vous informer des résultats. Il est facile de voir si les loups
ont touché aux amorces ou les ont approchées. On
peut juger ainsi s'il faut déplacer les amorces, les
varier ou renouveler et même changer le poison. Il
peut se faire qu'on ait connaissance dans le pays
d'autres poisons dont l'essai pourrait être tenté.

Vous recommanderez aussi à MM. les maires de

prendre toutes les précautions que la prudence commande. Il serait nécessaire que les habitants soient prévenus par publications et par affiches des lieux où les appâts sont placés.

La présentation du *contrôle* des animaux détruits donnera lieu à des primes au profit de la commune, réglées suivant le tarif du gouvernement et dont il sera loisible à MM. les maires d'attribuer un quart ou moitié, suivant les circonstances, à la personne qui amènera un animal mort; le reste sera appliqué à l'achat des matières propres à l'empoisonnement et porté en déduction dans les mémoires de fournitures qui vous seront adressés par les maires.

Résumé.

Je recommande donc à votre sollicitude :

1° La publicité des primes;

2° Les battues générales à deux époques de l'année;

3° L'activité dans les chasses particulières;

4° L'emploi des piéges, fosses, enceintes, etc.;

5° L'emploi continué de l'empoisonnement.

Je vous prie de m'aviser de vos opérations et d'établir avec moi sur ce sujet une correspondance active et suivie.

Cette instruction a été concertée avec M. le grand-veneur, qui a approuvé le travail de la commission et qui en donnera connaissance à tous les agents qui dépendent de lui.

Je crois devoir ajouter la note des ouvrages qui peuvent être consultés avec avantage.

La Chasse au loup, par J. Clamorgan; Paris, 1576, in-4° avec figures, réimprimé plusieurs fois.

Nouvelle invention de chasse pour prendre et ôter les loups de la France, par L. Gruau, curé de Sauge, diocèse du Mans; 1610, in-8° avec figures.

Mémoire sur l'utilité et la manière de détruire les loups dans le royaume, par Delisle de Moncel; Paris, 1765, in-4°.

Méthodes et projets pour parvenir à la destruction des loups dans le royaume, par le même; Paris, imprimerie royale, 1768, in-12.

Résultats d'expériences sur les moyens les plus efficaces et les moins onéreux au peuple, pour détruire dans le royaume l'espèce des bêtes voraces, par le même; Paris, 1771, in-8° avec figures.

Projet d'établissement de louveteries nationales, sans frais pour le gouvernement, nécessaires et très-peu coûteuses à l'agriculture, par les citoyens Tirebarbe et Frémont; Rouen, an IV, in-4°.

Moyens faciles de détruire les loups et les renards, par T. de C., lieutenant de la louveterie de la Côte-d'Or; Paris, 1809.

Moyen à employer pour la destruction générale des loups en Europe, par M. de Maillet, ancien louvetier; Paris, 1810.

En général, presque tous les ouvrages sur la chasse traitent de la destruction des loups.

J'ai l'honneur, etc.

Le ministre de l'intérieur,

LAINÉ.

Analyse des circulaires adressées par le Directeur général des forêts aux conservateurs et aux préfets sur le service de la louveterie.

N° 67. Du 18 pluviôse an x (7 février 1802).
(Rép. For., I, p. 564.)

On annonce qu'il y a un grand nombre de loups dont le développement fait des progrès effrayants. Il a été délivré par les autorités locales des commissions de louvetiers à des citoyens qui ont offert de s'occuper de la chasse au loup et il a été accordé, pour ce même motif, des permissions de chasse. Mais ces moyens n'ont servi qu'à la chasse ordinaire du gibier et l'arrêté du Directoire exécutif du 19 pluviôse an v est resté sans exécution. Le moyen d'y remédier est, de la part des agents forestiers, de s'informer des cantons où se montrent les loups, renards, blaireaux et autres animaux nuisibles; — de faire connaître aux porteurs de commissions de louvetiers ou de permissions de chasse l'obligation où ils sont de les détruire; — de s'employer à des battues générales et particulières et de nous rendre compte de ces chasses. Quoique des ordonnances qui ne sont pas abrogées donnent aux administrateurs forestiers le droit d'agir seuls dans les circonstances de ce genre, nous pensons que, pour arriver plus facilement au but que l'on se propose, il sera utile de se concerter, pour les battues, avec les préfets et sous-préfets.

N° 368. Du 28 novembre 1807.

(Rép. For., II, p. 182.)

L'article 7 du règlement relatif aux chasses, en date du 1er germinal an XIII, porte que tous les individus qui auront reçu des permissions de chasse seront tenus de faire connaitre aux conservateurs le nombre des animaux nuisibles, tels que loups, renards, blaireaux, qu'ils auront détruits et de lui envoyer la patte droite. Je vous prie de m'en transmettre un état.

N° 532. Du 24 octobre 1814.

(Rép. For., II, p. 636.)

Envoi aux conservateurs des règlements du 20 août 1814 sur la louveterie et les permissions de chasse, en les invitant à veiller à ce que ces règlements soient observés par les personnes munies de permissions de chasse et par les lieutenants de louveterie commissionnés par M. le prince de Wagram.

23 mars 1821. Instruction générale sur le service forestier approuvée par le ministre des finances.
(Rép. For., II, p. 903.)

Art. 61.... Il (le conservateur) veillera à l'exécution de l'ordonnance du roi du 15 août 1814 et des
règlements relatifs à la police des chasses et de la
louveterie.

Il recevra pour cette partie du service les ordres
du grand-veneur. Si les permissions de chasse donnent lieu à quelque abus, il en référera au grand-
veneur.

Art. 62. — Lorsque les préfets ordonneront des
battues pour la destruction des loups, le conservateur
veillera à ce que toutes les formalités prescrites à cet
égard par l'arrêté du 19 pluviôse an v soient ponc-
tuellement exécutées. Il recommandera de rapporter
des procès-verbaux contre les individus appelés qui
abandonneraient les battues pour se livrer à la chasse
du gibier et il proposera la destitution des gardes qui
auraient contrevenu aux dispositions des lois et règlements.

N° 287. Du 5 septembre 1831.
(Rép. For., IV, p. 512.)

M. le conservateur, j'ai consulté M. le ministre des
finances sur l'utilité de conserver ou de supprimer
l'institution des officiers de louveterie. Le ministre

m'a répondu que, dans les circonstances actuelles, il convenait de maintenir l'état de choses tel qu'il a été créé par l'ordonnance du 14 septembre 1830. En conséquence, l'administration délivrera des permissions de chasse d'après l'étendue des forêts et le gibier qui s'y trouve.

Par une conséquence des mesures adoptées au sujet de la chasse, l'institution des officiers de louveterie est conservée. J'ai écrit à M. le préfet pour me désigner les personnes les plus capables de remplir les fonctions de lieutenant.

Circulaire aux préfets. — A l'égard des propositions que vous devez adresser au Directeur général, vous consulterez sans doute les conservateurs. — Quant au nombre des officiers à instituer dans votre département, j'attendrai les propositions que vous croirez devoir me faire d'après l'étendue du service et les besoins des forêts. Dans tous les cas, ce nombre ne devra pas dépasser celui actuellement existant. La délivrance des commissions ne se fera pas attendre.

N° 301. Du 31 juillet 1832.
(Rép. For., IV, p. 573.)

Aux préfets. — Location des chasses dans les forêts de l'Etat ; envoi de l'ordonnance du 24 juillet 1832, rendue pour l'exécution de l'article 5 de la loi du 21 avril 1832.

La destruction des animaux nuisibles étant une

mesure d'intérêt général, l'ordonnance a voulu que non-seulement le cahier des charges renfermât toutes les dispositions propres à atteindre ce but, mais elle a soumis les fermiers de la chasse à l'obligation des chasses et battues que vous jugerez utile d'ordonner. — L'institution des lieutenants de louveterie est mainte-nue; on a considéré qu'elle était utile et même indis-pensable dans beaucoup de localités. Mais leur fa-culté de chasser dans les forêts de l'État a été réduite au sanglier. — Il faut donc que les lieutenants nom-més par moi, sur votre présentation, reçoivent de nou-velles commissions qui ne leur seront délivrées qu'au-tant qu'ils prouveront, par des attestations en bonne forme, qu'ils possèdent l'équipage réglementaire.

N479 bis. Du 22 juin 1840.
(Rép. For., VI, p. 270.)

Les conservateurs doivent, conformément à la let-tre du 23 juillet 1839, adresser, avant le 1er août, les états des animaux nuisibles détruits par les lieute-nants. — Ceux-ci sont rappelés à l'exécution scrupu-leuse des règlements. — La faculté qui leur est don-née de chasser deux fois par mois le sanglier dans les forêts de l'État ne doit s'entendre que de la saison des chasses, puisque l'ordonnance de 1814 porte qu'il est défendu de découpler hors de ce temps. Leur no-mination ne doit avoir pour but que la destruction des animaux nuisibles. Il serait contraire aux intérêts

de l'État de chercher à en augmenter le nombre sans
utilité réelle.

N° 563. Du 11 décembre 1844.
(An. For. Bull. II, p. 225.)

Le Directeur général porte à la connaissance des
conservateurs et des lieutenants de louveterie qu'il
résulte des explications fournies par le ministre de la
justice que la loi du 3 mai 1844 n'a apporté aucune
modification au service des lieutenants de louveterie.
Ces officiers pourront être munis des engins et piéges
nécessaires pour prendre les bêtes fauves. Le délit ne
commencerait pour eux que s'ils s'en servaient pour se
livrer à la chasse du gibier.

N° 660. Du 11 octobre 1850.
(An. For. V, p. 146.)

Le ministre des finances, interprétant le règlement
sur la destruction des animaux nuisibles, a décidé, le
12 septembre 1850, que les préfets peuvent ordonner
d'office des battues aux loups, même dans les bois
soumis au régime forestier, sauf à en donner avis aux
agents forestiers et aux lieutenants de louveterie.
Lors donc qu'un arrêté aura été notifié au conservateur, si cet arrêté désigne le lieutenant, vous aurez à
vous concerter avec lui, comme le prescrit l'article 11
de l'ordonnance du 20 août 1814. Si cet arrêté ne désigne pas le lieutenant de louveterie, vous aurez à

faire diriger la battue par un agent forestier qui se concertera avec les maires, comme le prescrit l'article 4 de l'arrêté du 19 pluviôse an v. — Si l'arrêté était notifié directement au chef de service local, celui-ci devrait considérer cette notification comme régulière et se conformer aux dispositions ci-dessus, sauf à rendre compte des mesures qu'il aurait prises.

N° 684. Du 14 mai 1852.
(An. For., V. p. 490.)

Aux conservateurs et aux préfets. — Transmission de l'arrêté ministériel du 3 mai 1852 relatif à la nomination des lieutenants de louveterie (v. p. 255). Le Directeur général rappelle aux conservateurs que les lieutenants doivent avoir l'équipage réglementaire et se procurer les piéges nécessaires à la destruction des loups, renards et autres animaux nuisibles. Leurs commissions doivent être renouvelées tous les ans et retirées à ceux de ces officiers qui n'ont pas rempli convenablement leurs fonctions.

N° 809. Du 18 novembre 1861.
(Rev. For., I, p. 71. D. P. 62. 3. 78.)

Le directeur général informe les conservateurs que la cour de cassation a, le 6 juillet 1861, fixé la jurisprudence sur la portée de l'ordonnance du 14 septembre 1830, en décidant qu'elle confère à l'administration des forêts la surveillance de la louveterie, —

que, en conséquence, les lieutenants n'ont pas le droit de procéder à leurs chasses particulières malgré l'opposition des agents forestiers locaux, à la seule condition d'informer ces agents des jours où les chasses projetées doivent avoir lieu ; — et que, enfin, ils ne peuvent appeler à des chasses, de leur seule autorité, des auxiliaires en tel nombre qu'ils jugent convenable, en sus du piqueur et des valets compris dans leur équipage.

Ces principes, auxquels la cour d'Angers a donné, le 27 septembre 1861, une nouvelle consécration, devront servir de base dans les rapports des agents forestiers et des lieutenants.

L'administration ne pourrait agir autrement sans provoquer des plaintes des propriétaires et des fermiers du droit de chasse. Elle apprécie les services rendus par les lieutenants de louveterie et ne veut en aucune façon, restreindre leurs prérogatives, mais elle entend les astreindre aux limites tracées par les règlements et le respect du droit des tiers.

Les agents forestiers ne devront donc s'opposer ni aux chasses dont l'utilité serait justifiée, ni à l'admission des auxiliaires réellement indispensables pour en assurer le succès. Les jours des chasses seront fixés de manière que le service forestier n'ait pas à en souffrir. Le conservateur est délégué pour statuer sur les réclamations qui pourraient être formées par les lieutenants contre les oppositions des agents locaux. — En cette matière, le recours au préfet ne

saurait être ouvert qu'autant que les lieutenants demanderaient à substituer une battue à une chasse
particulière.

La circulaire n° 660 doit être modifiée en ce sens
qu'un décret du 13 avril 1861 a conféré aux sous-
préfets le droit de statuer sur les autorisations de
battues, mais seulement dans les bois des communes
et des établissements de bienfaisance.

Les autorisations de battues doivent être l'objet
d'arrêtés spéciaux. Le ministre de l'intérieur, dans
une lettre du 13 décembre 1860, a en effet reconnu
que les préfets ne peuvent, par des arrêtés de principe, autoriser MM. les lieutenants à détruire les animaux nuisibles en tous temps et en tous lieux. Ils
sont astreints à recourir chaque fois à l'autorisation
administrative.

Cette circulaire a été transmise à MM. les préfets
par lettre du 28 novembre 1861.

AFFAIRES DES LIEUTENANTS DE LOUVETERIE

Lieutenant Frottier de Bagneux.

Cass. 13 Juillet 1840 (D. R. v° ch. n° 446).

Lorsqu'un lieutenant de louveterie poursuivi correctionnellement pour avoir chassé sur le terrain d'autrui en temps permis, prouve qu'il a été autorisé par le propriétaire du terrain, le tribunal répressif est incompétent pour statuer sur les dommages dont le propriétaire se plaint : aucun délit n'existant, les parties doivent être renvoyées à fins civiles.

Aucune autorisation n'est nécessaire pour les procès intentés contre les lieutenants de louveterie. (*Sol. implicite.*)

Lieutenant Dupré de Saint-Maur.

Bourges, 5 mai 1836 (D. P. v° chasse, n° 428, note 2). Cass. crim. rej. 21 janvier 1837 (D. P. *eod. loc.* — P. 37. 1. 508. S. 37. 1. 150).

Les lieutenants de louveterie ne sont ni agents du gouvernement ni dépositaires d'aucune portion de la

puissance publique. Ils ne reçoivent que des commissions honorifiques qui ne leur confèrent d'autres
droits que certains droits de chasse, à la charge par
eux de concourir, d'une manière déterminée, à la destruction des animaux nuisibles. Dès lors, pour diriger
contre eux des poursuites à raison de l'exercice de
leurs fonctions, il n'est point nécessaire de recourir à
l'autorisation préalable prescrite par l'art. 75 de la
Constitution de l'an VIII.

La qualité de lieutenant de louveterie ne donne à
celui qui en est revêtu que la faculté de chasser à
courre, deux fois par mois, dans les forêts de l'État,
sans lui permettre d'y introduire d'autres chasseurs
que lui.

Les adjudicataires des chasses dans les forêts de
l'État ont le droit de poursuivre la répression des délits de chasse qui sont commis dans ces forêts.

Lieutenant Schmidt.

Trib. Nevers 21 mars 1839 (D. R. v° ch. n° 512, n. 3).
  Bourges, 30 mai 1839 (D. P. 40. 2. 47. — *eod. loc.*)
Crim. cass. 3 janvier 1840 (D. R. *eod. loc.* — D. Pr.
    40. 1. 392. — P. 40. 2. 308. — S. 42. 1. 657).
Orléans, 11 mai 1840 (D. R. *eod. loc.* — D. P. 41. 2.
    29. — P. 40. 2. 308. — A. F. 1. 25).
Cass. crim. rej. 30 janvier 1841 (D. R. *eod. loc.* —
    S. 42. 1 658. — A. F. 1 47).

De ce que la commission d'un lieutenant n'a pas

été renouvelée, il n'en résulte pas que cette commission ait été formellement révoquée, ceux qui sont investis des fonctions temporaires pouvant et devant les exercer valablement jusqu'à ce qu'ils soient remplacés. (*Bourges et Orléans.*)

L'expression de campagnes comprend aussi bien les bois des particuliers que ceux de l'État, pour désigner les propriétés dans lesquelles peuvent s'introduire les lieutenants et ceux qui reçoivent des permissions de chasse pour la destruction des animaux nuisibles. (*Bourges et 1er arrêt de cass.*)

Bien que l'ordonnance de 1814 ne range pas le sanglier parmi les animaux nuisibles, puisqu'elle n'autorise les lieutenants à le tirer que quand il tient aux chiens, il peut arriver que par une trop grande multiplication il cause des dommages sérieux et l'administration a une sorte de pouvoir discrétionnaire pour en autoriser la destruction. (*Bourges, arrêt cassé.*)

Le sanglier n'est pas de sa nature un animal nuisible dont la destruction importe à la généralité des citoyens. (*Cass 1er arrêt.*)

La faculté donnée aux officiers de louveterie de chasser le sanglier dans les forêts de l'État, par l'ord. du 24 juillet 1832, rendue en exécution de l'article 5 de la loi du 21 avril 1832, est une faculté exceptionnelle qui ne peut être étendue aux bois des particuliers. (*Cass. 1er arrêt.*)

Les formalités imposées aux lieutenants de louveterie par l'arrêté de pluviôse an v, et notamment le con-

cours des administrations municipales et la surveillance des agents forestiers, ont pour but : 1° de faire
de leurs chasses l'avantage des localités, et non
l'agrément de quelques particuliers, amateurs de
chasse ; 2° d'empêcher les dégradations des forêts et
la destruction du gibier. Dès lors, le lieutenant ne
peut se livrer aux chasses autorisées dans l'unique
but de son agrément personnel et le fait d'avoir
chassé dans une forêt particulière un renard et un
sanglier, en vertu d'une lettre du préfet, du 10 janvier 1839, l'invitant à faire une battue aux loups et
aux bêtes fauves, le constitue en délit de chasse avec
ceux qui l'accompagnent, du moment où il s'est livré
à cette opération sans la surveillance des agents forestiers. (*Orléans et 2ᵉ arrêt de cass.*)

Cette omission rend inutile d'examiner si, dans
l'espèce, le sanglier doit être rangé dans la classe des
animaux nuisibles que ces officiers peuvent être chargés de poursuivre. (*Cass. 2ᵉ arrêt.*)

Aucune disposition législative autre que l'arrêté du
19 pluviôse an v, confirmé par la loi du 10 messidor
suivant, n'a réglé l'étendue des attributions des lieutenants de louveterie, et c'est à lui qu'il faut se re-
porter pour les déterminer. (*Cass. 2ᵉ arrêt.*)

Si les lieutenants de louveterie doivent être consi-
dérés comme ayant dans leur commission une autorisation permanente de se livrer à leurs chasses, aucune disposition des lois, ni même des règlements sur
la matière ne les affranchit de l'obligation de ne s'y

livrer que sous l'inspection et la surveillance des agents forestiers. (*Cass. 2e arrêt.*)

Lieutenant de Lastic.

Chatellerault, 9 mai 1843 (D. R. v° ch. n° 513).
Poitiers, 9 mai 1843 (D. P. 43. 2. 157. — D. R. *eod. loc.* — A. F. 1. 370).

Le lieutenant autorisé par le préfet à faire une battue aux loups et aux sangliers dans des bois de particuliers, n'a point qualité pour requérir des chasseurs ; ce droit n'appartient qu'aux maires, en vertu de l'arrêté de pluviôse an v. Les chasseurs ainsi conduits par le lieutenant commettent donc le délit de chasse sur le terrain d'autrui sans le consentement du propriétaire. (*Trib. de Chatellerault.*)

Quant au lieutenant, l'examen de la légalité de l'arrêté préfectoral ne rentre pas dans les attributions du pouvoir judiciaire ; il n'appartient qu'à l'autorité administrative de surveiller l'exécution de ses arrêtés. (*Trib. de Chatellerault, réformé par c. de Poitiers.*)

Si, par l'arrêté du 19 pluviôse an v et le règlement du 20 août 1814, il peut être pris des mesures contre les animaux nuisibles, ce n'est que par exception et lorsqu'il s'est trop multiplié que le sanglier est considéré comme un animal nuisible dont la destruction importe à la généralité des habitants. (*Poitiers.*)

En admettant que le préfet ait le droit de le considérer comme tel et de prescrire des battues contre lui, le lieutenant qui ne s'est pas concerté avec les agents forestiers, qui n'est acccompagné sur le terrain d'aucun officier ou garde forestier et qui a transformé la battue autorisée en une chasse à courre, s'est mis en délit de chasse en se plaçant hors des termes et des limites de cet arrêté (*Poitiers.*)

Les amis qui ont ainsi chassé le sanglier avec lui se sont également placés en dehors des termes de l'arrêté préfectoral et de la loi elle-même, qu'ils sont censés ne pas ignorer, et doivent être condamnés solidairement avec lui. (*Poitiers.*)

L'expression de campagnes dans sa généralité comprend les bois des particuliers. (Id. *et Chatellerault.*)

Lieutenant Semellé.

Metz, 17 janvier 1842 (A. F. 1. 191).

Chasse privilégiée au sanglier dans les forêts de l'Etat. Lieutenant chassant un sanglier avec son piqueur et trois amis, dans une forêt dont il était adjudicataire et dans laquelle le cahier des charges ne permettait l'introduction que d'un seul ami.

En admettant que les infractions au cahier des charges soient (avant 1844) des atteintes à un contrat purement civil résolubles en dommages-intérêts, l'adjudicataire n'a reçu par son cahier des charges qu'une autorisation conditionnelle de chasse sur le terrain d'autrui. S'il enfreint les conditions librement acceptées par lui, il commet le délit de chasse sur le terrain d'autrui sans le consentement du propriétaire.

Les chasses que les lieutenants sont autorisés à faire, deux fois par mois, dans les forêts de l'État, n'ont pour objet que de tenir les chiens en haleine et non de détruire les sangliers, qui ne sont des animaux nuisibles que dans des circonstances déterminées. Dès lors, en se faisant accompagner dans cette chasse d'étrangers armés, ils commettent un délit de chasse.

Ceux qui l'accompagnent sans droit personnel et qui ne peuvent être couverts par celui du lieutenant, déjà insuffisant, doivent être condamnés solidairement avec lui.

Lieutenant Lepineau.

Nancy, 31 janvier 1844 (D. R v° Ch. n° 517. — D. P. 44. 2. 69. — A. F. 2. 106.)

Piqueurs chassant le sanglier dans une forêt de l'État, sans leur maître, et avec un de leurs amis.

La prohibition de chasser dans les forêts de l'État étant de droit commun, la faculté de transmettre discrétionnairement à autrui le droit d'y chasser le sanglier deux fois par mois, accordé aux lieutenants de louveterie, ne saurait exister que si elle était aussi formellement exprimée dans les règlements que le droit lui-même. Ce droit, qui a pour motif de tenir les chiens en haleine, ne saurait être délégué à des tiers, ni à des piqueurs, dont le nombre, n'étant pas fixé, pourrait être augmenté à volonté.

Les lieutenants sont responsables de leurs piqueurs, conformément à l'article 1384 du Code civil.

Lieutenant Eline.

Cass. 19 juin 1847 (D. P. 47. 4. 69 — A. F. 4. 180. — B. crim. n° 129. — P. 47. 1. 569. — S. 47. 1. 698).

L'acte du 20 août 1814, émané seulement du grand-veneur de la couronne, non revêtu du contre-seing ministériel, n'empruntant aucune autorité à l'ordonnance du 24 juillet 1832, qui n'en a ni sanctionné les dispositions, ni ordonné l'insertion au Bulletin des lois, n'a point force légale d'exécution. C'est dans l'arrêté du 19 pluviôse an v qu'il faut chercher les règlements légalement obligatoires pour déterminer les droits et les devoirs des lieutenants de louveterie.

La commission des lieutenants peut être considérée comme une permission permanente de se livrer à la chasse aux loups et autres animaux nuisibles, mais rien ne les affranchit de la surveillance des agents forestiers, ordonnée par l'article 5 de l'arrêté du 19 pluviôse an v. Le lieutenant qui se livre à ses chasses sans cette surveillance et sans l'avoir provoquée, rentre sous l'empire de la loi générale et commet le délit de chasse sur le terrain d'autrui sans le consentement du propriétaire ; celui-ci a le droit d'en poursuivre la réparation.

Lieutenant La Tour du Pin.

Paris, 20 décembre 1851 (A. F. 5. 433).

L'arrêté qui autorise des battues dispense ceux qui les exécutent du permis de chasse et du consentement des propriétaires, mais à la condition que l'opération soit faite sous l'inspection et la surveillance des agents forestiers, qui règlent les jours où elle s'effectuera et le nombre d'hommes qui y seront appelés.

Les préfets sont juges de l'opportunité et du mode de chasse à employer contre les animaux nuisibles.

Le lieutenant de louveterie chargé par un arrêté du préfet de diriger deux ou trois battues aux sangliers et de faire les dispositions nécessaires pour assurer à ces battues les meilleurs résultats possibles, n'est nullement dispensé de l'exécution de la loi du 19 pluviôse an v, dans laquelle il trouve lui-même ses attributions.

S'il transforme la battue en une chasse à courre à laquelle il convie des amis et qu'il exécute avec eux dans une forêt de l'État sans la surveillance des agents forestiers, il commet le délit de chasse sur le terrain d'autrui sans le consentement du propriétaire.

Les amis qui l'accompagnent sont couverts par un pareil arrêté, qui équivaut ainsi au permis de chasse et au consentement du propriétaire.

Lieutenant Prince d'Aremberg.

Bourges, 24 décembre 1857 (A. F. S. 279).

Le lieutenant ne peut déléguer son intendant ou son piqueur pour remplir ses fonctions et notamment pour diriger une battue.

Mais si la bonne foi ne peut être admise comme excuse en matière de délit de chasse, il n'en est pas de même lorsqu'il s'agit d'infractions aux règlements sur la louveterie.

Spécialement, les mandataires du louvetier doivent être excusés et ont pu se croire suffisamment autorisés, lorsque quelques jours auparavant ils ont procédé ainsi en présence et avec le concours d'un représentant de l'administration forestière, et lorsqu'enfin la battue à laquelle ils se sont livrés était faite sous la surveillance d'un brigadier forestier.

Si, en thèse générale, les procès-verbaux qui constatent des délits de chasse dans les bois soumis au régime forestier, doivent être affirmés dans les vingt-quatre heures par les gardes qui les ont rédigés, ceux qui sont dressés par les inspecteurs et autres agents forestiers sont affranchis de cette formalité.

Décidé implicitement :

1° La délégation faite par un agent à un préposé forestier pour surveiller et diriger une battue ne rend pas l'opération illégale.

2° L'admission d'un piqueur comme chef de battue
par le brigadier délégué de l'agent forestier, peut résulter implicitement de la présence de ce brigadier à
la battue et du concours qu'il lui a ainsi donné pendant l'opération, quand bien même il aurait, au début,
fait à ce piqueur des observations tendant à exiger le
commandement par le lieutenant lui-même.

Lieutenant Belgrand.

Trib. correct. Châtillon-sur-Seine, 2 août 1860
(D. P. 60. 3. 63. — A. F. 8. 282).

La faculté de chasser le sanglier dans les forêts de
l'État, accordée à titre exceptionnel aux lieutenants de
louveterie, ne s'étend pas aux bois des communes, ni
aux bois ou propriétés des particuliers.

Les lieutenants ne peuvent poursuivre le sanglier
dans les bois de cette sorte qu'autant que les propriétaires y consentent ou qu'ils exercent leurs fonctions,
c'est-à-dire qu'ils agissent en vertu d'un ordre de
l'autorité et sous la surveillance des agents forestiers.

Lieutenant Poupart-Duplessis.

Trib. correct. Rennes, 1ᵉʳ déc. 1860 (A. F. 8. 315).
Rennes, 13 février 1861 (A. F. *eod. loc.*).
Crim. cass. 6 juillet 1861 (A. F. *eod. loc.* — D. P. 61.

1. 352. — P. 62. 536. — S. 61. 1. 917. — B. crim.
n° 144).

Angers, 27 septembre 1861 (D. P. 62. 2. 164. — S.
61. 1. 917.— R. F. 1. 144).

Les lieutenants de louveterie ne tiennent pas de
leur commission le droit de faire leurs chasses au
loup (¹) quand il leur plait et sous la seule condition
d'un avis préalable donné à l'agent forestier local.
(*Trib. Rennes, Cass. et Angers*).

La faculté de s'opposer à ces chasses pour motif
d'inopportunité et de donner des ordres et des instructions aux lieutenants de louveterie, qui appartenait au grand-veneur, en vertu de l'ordonnance de
20 août 1814, appartient aujourd'hui à l'administration des forêts, par l'entremise de ses agents locaux,
conformément à l'ordonnance du 14 septembre 1830.
(*Cass. et Angers.*)

Cette ordonnance n'a été abrogée ni par celle du
21 décembre 1844–20 janvier 1845, qui a reporté au
roi la nomination des officiers de louveterie, attendu
que l'ordonnance du 20 juin 1845 déclare maintenue
celle du 14 septembre 1830; ni par le décret du 25
mars 1852, qui a d'autant moins retiré les lieutenants
des cadres de leur administration que leur nomination

(1) En fait, le lieutenant qui avait annoncé l'intention de chasser
le loup avait en réalité chassé le renard; la question de son
droit à faire cette chasse en vertu de sa seule commission de
lieutenant de louveterie n'a point été soulevée devant les
tribunaux.

par les préfets ne peut se faire que sur la présentation des chefs de service. (*Cass. et Angers.*)

Les lieutenants ne peuvent réclamer que devant l'autorité supérieure administrative contre les motifs de l'opposition mise à leurs chasses par l'agent forestier local. (*Cassation.*)

Ils n'ont pas le pouvoir d'appeler arbitrairement et de leur autorité, soit à leurs chasses particulières, soit aux battues faites sous leur direction, des auxiliaires en tel nombre qu'ils jugent convenable, en sus du piqueur et des valets qu'ils doivent entretenir. A cet égard, ils sont obligés d'agir de concert avec l'administration forestière et les individus irrégulièrement appelés par eux à une chasse sont passibles de poursuites comme ayant chassé sur le terrain d'autrui sans le consentement du propriétaire (*Cass. et Angers.*)

Les ordonnances du 20 août 1814 (insérée au Bulletin des lois en 1832) et du 14 septembre 1830 ont force légale d'exécution. (*Cass., résolu implicitement.*)

Lieutenant de la Chapelle

Cons. d'État, 6 janvier 1858 (D. P. 58, 3. 42).

ET

Lieutenant Bailly Dupont,

Cons. d'État, 13 mars 1862 (R. F. 2. 134).

Les chiens appartenant aux lieutenants de louveterie, alors même qu'ils servent exclusivement à la chasse des animaux nuisibles, sont passibles de la taxe établie par la loi du 2 mai 1855.

Du moment où il n'est pas contesté que ces chiens servent à la chasse, ils doivent être rangés dans la classe des chiens les plus imposés, par application du décret du 4 août 1855.

Lieutenant Aubert.

Besançon, 1ᵉʳ août 1863 (R. F. 4, 43).

L'arrêté par lequel un sous-préfet a autorisé un lieutenant à faire des battues au sanglier dans les bois communaux, ne confère pas à ce lieutenant le droit de transformer la battue en chasse à courre.

Le droit qui appartient à l'autorité administrative d'interpréter les actes qui sont émanés d'elle et d'en fixer le sens lorsqu'il est obscur ou ambigu, ne s'applique qu'aux actes d'administration proprement dits, qui contiennent des prescriptions individuelles, et non aux actes réglementaires par lesquels l'autorité administrative établit, dans les limites de sa compétence, des dispositions générales obligatoires pour tous. Ces derniers actes doivent, comme les lois elles-mêmes dont ils sont le complément, être interprétés par les tribunaux chargés d'en faire l'application.

Spécialement, l'arrêté qui autorise purement et simplement une battue est suffisamment clair et l'in—

terprétation dans le sens de l'emploi des chiens pour
cette opération ne serait pas autre chose qu'une extension de la permission qui ne serait pas possible
sans excéder la compétence du sous-préfet.

Lieutenant d'Egremont.

Nancy, 11 août 1863 (R. F. 2. 216. — J. de Dr. crim.
n° 7698, cité à tort de Rouen).
Cass. crim. rej. 21 janvier 1864 (R. F. 2. 218. —
S. 64. 1. 299. — D. P. 64. 1. 321).

Arrêté préfectoral ordonnant 30 battues successives du 17 décembre au 1er mai suivant, contre les sangliers et autres animaux nuisibles. — Poursuites du propriétaire à l'occasion de la
première battue faite par le lieutenant assisté du maire de la
commune voisine, de quatre gardes forestiers délégués par le
garde général, de trente-cinq chasseurs et de plusieurs rabatteurs.

Les maires des communes n'ont, aux termes des règlements sur la louveterie, aucun droit de surveillance
à exercer sur les battues qui se font sur leur territoire.
(*Nancy.*)

Il n'est nécessaire de se concerter avec eux que pour
les mettre à même de convoquer, au jour convenu,
ceux des habitants qu'il y a lieu de requérir et ce concert est inutile du moment où la réquisition est sans
objet, par suite de la présence d'auxiliaires volontaires. (*Nancy et Cass.*)

L'obligation de se concerter avec les maires, quand il y a lieu, n'est imposée qu'aux agents forestiers et non aux lieutenants de louveterie, qui sont dès lors en règle quand ils sont assistés sur le terrain par les agents forestiers ou les préposés forestiers délégués par eux. (*Nancy et Cass.*)

Aucune disposition législative n'oblige ceux qui font une battue à prévenir les propriétaires des bois dans lesquels elle doit être opérée (*Nancy.*)

Le sanglier, qui n'est pas un animal essentiellement nuisible, peut le devenir par suite de circonstances particulières qui résultent, en fait, de ce que le préfet l'a rangé parmi les animaux malfaisants que le propriétaire peut détruire en tout temps sur ses terres, et de plaintes élevées par les habitants et les agents forestiers sur sa trop grande multiplication. (*Cassation.*)

L'arrêté spécial pris dans ces conditions pour ordonner la battue incriminée est dès lors régulier. (*Cassation.*)

L'ordonnance du 20 août 1814 est aujourd'hui le Code de la matière de la louveterie qui n'existait pas à l'époque de l'arrêté du 19 pluviôse an v. (*Cassation.*)

Quand bien même l'arrêté préfectoral qui autorise une battue imposerait au lieutenant l'obligation de se concerter avec les maires sur les jours et le nombre d'hommes, cet arrêté n'a pas pu créer au directeur de la battue une obligation extra-légale et n'a dû vouloir ce concert que dans les cas où il est exigé par les règlements. (*Cassation.*)

Lieutenant Cousturier.

Trib. cor. de Châtillon-sur-Seine, 7 juin 1866
(R. F. 4. 49).
Dijon, 18 juillet 1866 (R. F. 4 50)

Le lieutenant de louveterie autorisé à faire une battue pour la destruction des animaux nuisibles dans les bois de l'État et autres, en temps prohibé, à charge de se conformer aux règlements sur la matière, se rend coupable du délit de chasse, lorsqu'il remplace cette battue par une chasse à courre, alors surtout qu'il n'est accompagné d'aucun agent forestier. (*Chatillon, Dijon.*)

Le même délit est imputable aux chasseurs qui ont accompagné le lieutenant ; vainement exciperaient-ils d'une prétendue réquisition qui leur aurait été adressée par ce dernier : une semblable réquisition, fût-elle justifiée, n'aurait aucun caractère légal et obligatoire et ne pourrait, par suite, autoriser les contrevenants à se prévaloir soit de leur bonne foi, soit de leur ignorance des lois et règlements auxquels ils étaient tenus de se conformer. (*Chatillon et Dijon.*)

L'article 5 de l'arrêté du 19 pluviôse an v doit être tenu pour abrogé, comme étant absolument inconciliable avec les dispositions de l'article 1er de la loi de 1844, qui interdit la chasse en temps prohibé. (*Chatillon ; motif écarté par la cour, qui décide qu'il n'y a pas lieu de l'examiner, puisque celui qui invoque cet article ne s'est pas conformé à ses prescriptions.*)

Lieutenant Millot.

Bourges, 24 mars 1870 (R. F. 5. 95).

Arrêté préfectoral prescrivant cinq battues sur le territoire d'une commune. A la seconde battue, le lieutenant poursuit et tue sur le territoire d'une commune voisine, un sanglier blessé dans la battue effectuée sur le territoire où elle était autorisée.

Aucune disposition législative ou réglementaire n'oblige l'administration à déterminer un délai pour l'exécution des battues qu'elle autorise. On peut dès lors admettre qu'à défaut de fixation d'un délai, le préfet se repose sur l'officier de louveterie du soin d'apprécier l'opportunité de la battue, suivant les besoins de l'agriculture et les convenances des habitants. L'arrêté préfectoral prescrivant ainsi cinq battues est valable tant qu'il n'a pas été rapporté.

Les termes de l'arrêté autorisant une battue ne doivent être entendus dans un sens restrictif que, relativement aux lieux où elle doit s'organiser, et un animal blessé dans une opération régulière peut être poursuivi par un lieutenant jusqu'à ce qu'il soit mis à mort sur un terrain situé en dehors du lieu où il a été lancé, tant que ce lieutenant ne sort pas de sa circonscription territoriale.

Les principes empruntés à la loi du 3 mai 1844, et notamment à son article 11, ne sauraient régir les droits et les devoirs des officiers de louveterie, qui sont réglés par une législation spéciale entièrement conservée.

NOTICE BIBLIOGRAPHIQUE.

Il est impossible de donner une énumération de tous les ouvrages anciens et modernes qui traitent de la chasse sous le rapport historique, juridique, technique, poëtique et même anecdotique ; ils sont innombrables. Nous indiquons seulement les principaux au point de vue juridique et renvoyons, pour le surplus, à la liste publiée en tête du *Dictionnaire des chasses*, de MM. Baudrillard et de Quingery ; Paris, 1834, 1 vol. in-4°.

DELAUNAY. Nouveau traité du Droit de chasse ; Paris 1681, in-12.

QUINET. Nouvelle jurisprudence sur le fait des chasses ; Paris 1688, 2 vol. in-12.

PECQUET, grand-maître de Normandie. Lois forestières ; Paris 1753, 2 vol. in-4°.

HENRIQUEZ, procureur fiscal en la maîtrise de Dun. Principes de jurisprudence sur le droit de chasse et de pêche ; Paris 1775, 1 vol. in-12.

— Dictionnaire raisonné du droit de chasse ou Nouveau Code de chasses ; Paris 1784, 2 vol. in-12.

SAUGRAIN. Code des chasses ou Nouveau Traité du droit des chasses, suivant la jurisprudence et l'ordonnance de 1669, mise en conférence avec les ordonnances anciennes et nouvelles ; Paris 1765, 2 vol. in-12.

CHAILLAND, procureur en la maîtrise de Rennes. Dictionnaire raisonné des eaux et forêts ; Paris 1769, 2 vol. in-4°.

DE FROIDOUZE, grand-maître de Languedoc. Instructions pour les gardes des eaux et forêts, chasses et pêches ; Paris 1750, 1 vol. in-12.

Duvergier, J. B. Code de la chasse (extrait de la collection des lois) ; Paris 1844, 1 vol. in-8.

Championnière. Manuel du chasseur, précédé de l'histoire du droit de chasse ; Paris 1844, 1 vol. in-18.

Camusat-Busserolles. Code de la police de la chasse, annoté par M. Franck-Carré ; Paris 1844, 1 vol. in-8.

Houel. Le nouveau code de la chasse ; 1844, in-32.

Lavallée et Bertrand. *Vade-mecum* du chasseur, loi sur la police de la chasse ; 2ᵉ édition, 1 vol. in-18.

Léon Bertrand. Dictionnaire des forêts et des chasses ; Paris 1846, 1 vol. in-12.

Pernève. Traité des délits et des peines de chasse ; Paris 1845, 1 vol. in-8.

Berriat-Saint-Prix. Législation de la chasse et de la louveterie ; Paris 1845, 1 vol. in-8.

Nicolin. La loi du 3 mai 1844 sur la police de la chasse ; 1846, broch. in-8.

Jullien (Ernest). La chasse, son histoire et sa législation ; Paris, Didier, sans date, 1 vol. in-8.

Chardon. Le droit de chasse français ; Lyon, 1845, 1 vol. in-8.

Loiseau et Vergé. Loi sur la police de la chasse ; 1844, in-24.

Gère. Manuel du garde-champêtre, forestier et particulier ; 1853, in-18.

Rogron. Le code de la chasse expliqué ; 1850, in-18.

Dalloz. Répertoire périodique de jurisprudence générale, article *chasse*, vol. VIII, 1847.

Morin. Répertoire criminel ; 2 vol. in-8, 1851, article *chasse*.

Gillon et Galouseau de Villepin. Nouveau code des chasses ; 1851, nouv. éd., in-18.

Petit, président de chambre à la Cour de Douai. Traité du droit de chasse, 2ᵉ édit ; Douai 1853, 2 vol. in-8.

Cival. Loi sur la police de la chasse annotée ; 1852, 1 vol. in-8.

Sorel (Alexandre). Dommage aux champs causé par le gibier et responsabilité des propriétaires de bois et forêts ; 1861, in-8.

— Chasse à tir et à courre, du droit de suite et de la propriété du gibier tué, blessé ou poursuivi ; 1862, in-8.

Viel (Charles). Loi sur la chasse expliquée aux chasseurs, aux gardes champêtres et aux agriculteurs ; 1863, in-18.

René et Liersel. Traité de la chasse ; 1865, in-18.

Rousset, A. Code usuel des gardes champêtres et des gardes particuliers ; 1863, in-12.

Villequez. Du droit du chasseur sur le gibier dans toutes les phases de la chasse à tir et à courre ; Paris, 1861, in-12.

— Du droit de destruction des animaux nuisibles et de la louveterie ; Paris, 1867, 1 vol. in-12.

Dufour, conseiller à la cour de Metz. La loi sur la chasse expliquée à l'aide de la jurisprudence ; Paris, 2ᵉ édit., 1863, broch. in-8.

de Neyremand. Questions sur la chasse, jurisprudence de la cour de Colmar en cette matière ; Colmar, 1866, broch. in-8.

— Du droit de destruction des animaux nuisibles (supplément aux Questions sur la chasse) ; Colmar, 1868, broch. in-8.

Giraudeau et Lelièvre. Les lois usuelles annotées, la chasse ; Paris, 1868, 1 vol. in-12.

Techeney. Le guide du chasseur devant la loi ; Paris, 1869, 1 vol. in-18.

NOTES JUSTIFICATIVES.

Indications.

RÉGL. F.   *Recueil chronologique des règlements forestiers*, de
M. Baudrillard, 7 vol., jusque 1843.

A. F.   *Bulletin administratif et judiciaire des annales forestières*, par M. Deville ; 1842-1861, faisant suite au
Recueil de M. Baudrillard.

R. F.   *Répertoire de la Revue des eaux et forêts*, par MM. Deville et Bezou, faisant suite au précédent, à partir
de 1862.

D. P. — S. — P. Désignent les grands recueils de MM. Dalloz,
Sirey-Devilleneuve et du *Journal du Palais*. Les indications sont faites, comme d'habitude, par les deux
chiffres de l'année, la partie du volume et la page où
est placé le document, si ce n'est dans le cas où celui-ci se trouve au volume de sa date et à sa partie
habituelle ; le chiffre de la page suit alors immédiatement la désignation du recueil.

Les sources bibliographiques sont, en général, données par le chiffre de la page suivant immédiatement
le nom de l'auteur.

NOTES.

—

Le premier chiffre indique le numéro de la note ; les suivants, la page à laquelle correspond cette note.

3. — On a publié le tableau suivant des loups détruits par les lieutenants de louveterie de 1818 à 1829 : 18,709 loups en 12 ans (Villeq., 254).

1818	1667		1824	1980	
1819	2085		1825	1634	
1820	1950		1826	1510	
1821	1495		1827	1229	
1822	1333		1828	861	
1823	2131		1829	834	

Les états des lieutenants ont accusé pour 1841-1842 (Perrève 448) :

<pre>
  700 loups.
  274 sangliers.
 2944 renards.
  334 blaireaux.
  362 chats sauvages.
  411 putois.
  748 fouines.
 ─────
 5770
</pre>

Un tiers environ des lieutenants n'avaient pas fourni d'état.

Dans le seul département des Vosges, il a été détruit de 1817 à 1842 :

700 loups, 40 louves pleines, 438 louves, 434 louveteaux ; total 1612, et en outre 662 chats sauvages, martres et blaireaux (Perrève, 458).

Enfin les états des lieutenants parvenus à l'administration des forêts, dans les cinq années de la période 1861-1866 ont signalé les captures suivantes :

SAISON DE CHASSE.	NOMBRE D'ÉTATS.	LOUPS.	LOUVES.	LOUVETEAUX.	SANGLIERS.	RENARDS.	BLAIREAUX.	CHATS SAUVAGES.	PUTOIS.	FOUINES.
1861-62	106	80	61	69	901	1811	323	253	206	249
1862-63	114	122	63	69	1120	2818	376	210	266	243
1863-64	111	150	84	72	1242	2315	311	292	289	242
1864-65	119	120	97	85	1095	2105	299	329	264	229
1865-66	121	95	52	85	963	2122	306	330	256	282

Les deux tiers des lieutenants environ se sont dispensés d'envoyer leurs états à l'administration des forêts.

3. — Dans notre sens, les auteurs suivants :

Fréminvile, *Pratique des terriers*, iv, 616 ; — Henriquez, *Nouveau code des chasses*, 1, 6, 22, etc. ; — Saugrain, *Code des chasses*, 1, 6, 24, 38, 80, 366 ; — Quinet, *Nouv. jurispr. des chasses*, 1, 117 ; — Pothier, *Traité du droit de propriété*, nᵒˢ 32 et 36 ; — De Launay, *Nouv. traité du droit de chasse*, 5 ; — Henrion de Pansey, *Dissertations féodales*, vᵒ *Chasse*, où l'on rapporte une consultation délibérée le 22 octobre 1762, par MM. L'Herminier, de Lamonnoye, de Lambon et Mallard, qui avaient, à cette époque, un grand renom dans le barreau de Paris ; — Pecquet, *Lois forestières*, 11, 27, 98 ; — de Gallon, *Conférence des ordonnances des eaux et forêts*, avec notes de M. de Ségault, proc. gén. de la table de marbre de Dijon, 11, 549. Ord. 1669, art. 27, tit. 30 ; — Merlin, *Répertoire*, vᵒ *Chasse*, § 8 et 9, hésite pour la France, mais se prononce énergiquement pour la domanialité du droit en Lorraine (ord. du Duc Henri, du 8 août 1621 et édit géné-

ral de Léopold, de 1701) et en Artois, Flandre, Cambresis
et Hainaut (ord. des archiducs Albert et Isabelle,
de 1613).

Ordonnances et textes à consulter :

M. Meaume, sur les *foresta*, cantonnements de chasse
donnés en permissions par les Carlovingiens. (Dans Dalloz, v° Forêts, n°ˢ 21 et suiv.)

Ord. Charles vi, 10 janvier 1396, enregistrée au Parlement de Paris le 5 février 1396 (Petit, i, 99. Henriquez,
ii, 3) ; — Charles vii, ord. 18 août 1451 (Petit, i, 107) ;
— François 1ᵉʳ, ord. 6 août 1533, enregistrée le 7 déc.
1536 à la table de marbre de Paris (Petit, i, 119. —
Saugrain, i, 152, — Henriq., ii, 14) ; — Henri iii, déclaration, 10 décembre 1581 (Petit, i, 128 ; — Henriq., ii, 28 ;
Saugrain, i, 173 ;) — Henri iv, ord. 15 mai 1597, art. 36
(Petit, i, 136 ; — Saugrain, ii, 193) ; — Louis xiii, ord. janvier 1629 (Saugrain, i, 456) ; — Louis xiv, ord., générale de 1669, tit. 30 (Petit, i, 161, etc., etc.)

Les ordonnances de l'ancienne monarchie sur la chasse
sont très nombreuses ; l'énumération donnée par Saugrain
en tête du vol. i est assez complète. Les textes ont souvent
été reproduits : ils se retrouvent également dans les grands
recueils de Saint-Yon, jusqu'en 1610 ; — de la Collection
du Louvre, — et de Jourdan, Decrusy et Isambert, Collect.
des anciennes lois françaises.

Voir aussi :

Arrêts du Conseil, 30 septembre 1722 (Saugr. i, 367,
Henriq., ii, 353) ; — Arrêt du conseil, 3 octobre 1722
(Saugrain, i, 375 ; — Henriq., ii, 353 ; — Baudrillard,
Règl. F., i, 226) ; — Jugement de la table de marbre de
Paris, 22 juin 1672 (Henriq., i, 110 et ii, 149 ; — Sau-
grain, i, 364).

3 4. — *Capitulare secundum anni* 813, *cap.* 80 ; *ut vicarii
luparios habeant....* (Villeq. 429).

Les équipages de la chasse au loup étaient, vers 885,
enfermés dans des bâtiments en dehors de l'enceinte de
Paris, ce qui faisait appeler ce lieu *Lupara*, d'où serait
venu le Louvre (Perrève, 429).

4 4, 59. — *Luparii*, sous Charlemagne (note 3) ; — louvetiers (ord. Charles vi, 25 mai 1413 ; ord. de Henry iv,

janv. 1600 et juin 1601); — louviers (coutume du Hainaut, de Charles Quint, en 1534) ; — officiers de notre louveterie (ord. Henry IV, juillet 1607) ; — officiers de louveterie (arrêt du Conseil du 26 février 1697); — lieutenants ou commis du grand louvetier (arrêt de la table de marbre de Paris, du 27 octobre 1608) ; — lieutenants de la louveterie (arrêts du Conseil, du 3 juin 1671 et du 16 janvier 1677) ; — lieutenants de louveterie (commission du 1er août 1709, délivrée par le grand louvetier de France, marquis d'Heudicourt); — lieutenants ou officiers de la louveterie (règlement du 15 janvier 1785) ; — capitaines, généraux, capitaines et lieutenants de louveterie (décret du 1er germinal an XIII, 22 mars 1805); — lieutenants de louveterie (règlement du 20 août 1814).

3	4, 59. — Loutriers (ord. Charles VI, 25 mai 1413).

Il y avait aussi des *Renardiers*, officiers spéciaux qui n'avaient aucun caractère public et qui dépendaient des capitaineries royales. Il y en avait dans toutes les capitaineries (arrêt du Conseil, 23 avril 1678 ; Quinet, II, 366) et il en avait existé de toute ancienneté dans la capitainerie de la Varenne du Louvre (déclaration du roi du 1er novembre 1724 ; Saugrain, II, 276).

4	5, 59. — Sergents louvetiers (ord. Henry IV, mai 1597, 18 janvier 1600 et juin 1601 ; règlement du 1er novembre 1601) ; — sergents de la louveterie (règl. 15 janvier 1785).

Les sergents louvetiers étaient probablement chargés de la convocation des habitants pour les huées du loup et de la collecte des redevances dues aux louvetiers. Ils s'étaient arrogé le droit de faire des exploits, comme les huissiers et les sergents royaux ; la déclaration du 19 octobre 1681 (Saugr., II, 660) le leur défendit, à moins que cette qualité ne leur ait été spécialement attribuée par des lettres de provision expédiées en grande chancellerie.

7	6. — Ord. de janvier 1583, art. 19, de Henri III, enregistrée le 7 mars (v. p. 230).

8	7, 110. — Dispense fut donnée de la redevance du loup aux villages de la banlieue de Paris, par lettres pa

tentes de Charles vii, de 1460, et fut confirmée en 1607
par Henri iv, en faveur des paroisses de Pantin et de
Romainville (Pecquet, *Lois Forest.,* ii, 61). — La ville
d'Amboise se prétendait exempte de la corvée du loup en
1696 (aff. Le Boults ; arrêt du 2 oct. 1696, Henriq. ii,
240; Saugr., i, 181 ; Villeq. 221). — Fontenay, près du bois
de Vincennes, fut exempté de la taille du loup, par ord.
de Charles v de 1377 (Merlin, v° Ch., § 10).

9 7. — Jean-Claude Briard, lieutenant de l'élection de
Langres, en 1745. (Mémoire de Duvancel, grand maître de
Paris ; Pecquet, Lois Forest., ii, 66 ; ordonn. de Duvan-
cel, du 22 janvier 1746 ; Henriquez, ii, 434.)

10 8, 60. — Pecquet, *Lois forest.,* ii, 66 et suiv. — Henriq.,
v° Loup, i, 120.

11 8, 59, 61. — Arrêt du Conseil du 15 janvier 1785
(Jourdan et Isambert, xxviii, 4 ; — Petit, i, 193 ; — Villeq., 446 ; — Berriat, 264).

12 17, 64, 167. — Voir les affaires des lieutenants, p. 278
et suiv.

13 17, 201, 214. — Cass. 30 janvier 1841, lieutenant
Schmidt (v. p. 279) ; — cass. 19 juin 1847, lieut. Eline
(v. p. 285) ; — Paris, 20 décembre 1851, lieutenant la
Tour du Pin, sol. implicite (v. p. 286).

14 17, 214. — Cass., 6 juillet 1861, lieutenant Duplessis
(v. p. 288) ; — Cass., 21 janvier 1864, lieut. d'Egremont
(v. p. 292). .

15 17, 107, 174. — Cass., 6 juillet 1861, lieut. Duplessis
(v. p. 288).

16 19. — La plupart des auteurs ne soulèvent pas la
question. En admettant, comme ils le font tous, le rattachement de la louveterie à l'administration des forêts en
1830, ils se prononcent implicitement pour l'abrogation
du règlement de 1785.
Contra. Villeq., 231, 348 ; — Berriat Saint Prix, 287 ;
— Dall., Rep., v° Ch., n° 501 ; mais cette opinion a été
modifiée implicitement dans ce recueil. D. P., 61, 1.
352.

17   20, 121. — *Sic.* Cass., 1ᵉʳ janvier 1850; Degré, Renard
(D., 303; — S., 761 ; — A. F., 5, 85 ; — P., 52, 1,
416; — Bull. crim., n° 12). Bourges, 24 mars 1870, lieut.
Millet (v. p. 295).

Rapport de M. Franck-Carré à la Chambre des pairs,
séance du 16 mai 1843. — Circ. n° 563 du 11 décembre
1844 (v. p. 274) ; — Villeq., 256; — Berriat, 254, 64.

18   21. — La loutre était encore désignée comme animal
nuisible dans l'ordonnance de Henri iv, du 15 mai 1597
(Saugrain ii. 193. — Isambert xv. 141).

19 · 23. — *Revue des eaux et forêts*, 1871, p. 77.

20   *Sic.* Cass., 3 janvier 1840, lieutenant Schmidt (v.
p. 279). Solution implicite résultant de la cassation de
l'arrêt de Bourges, du 30 mai 1839.
Deville (R. F., 2, 211).
Voir par analogie le Droit de Destruction des bêtes fauves (note A).
Contra. 1° *Dans le sens des animaux désignés en vertu
de l'art. 9 de la loi de 1844 :* Circ. min. int. 22 juillet
1851, § 70 (R. F., 4, 104) ; — M. Villeq., p. 359.
2° *Dans le sens de la désignation spéciale par le préfet :*
Circ. min. int. 22 juillet 1851 (R. F., 4, 104) ; — Circ.
1ᵉʳ mars et 11 avril 1865 (R. F., 2, 297 ; D. P., 65, 3,
45) ; — Bourges, 30 mai 1839, lieut. Schmidt (v. p. 279),
arrêt cassé : — Villeq., p. 359. Les arrêts invoqués par
le professeur de Dijon ne sont autres que ceux des lieutenants (v. p. 278) : ils sont peu concluants. L'autorité
judiciaire a pu faire résulter la nocuité de l'animal des
plaintes des habitants, de l'opinion de l'administration
manifestée par un arrêté général ou spécial ; on n'y voit
nulle part la reconnaissance d'un pouvoir discrétionnaire
attribué au préfet pour désigner l'animal nuisible.

21   24. — A. Puton, *Les Forêts et le projet de Code rural,*
Paris, juin 1870, p. 19.

22   24, 128. — *Sic.* Cass, 22 février 1868, Broussac (R. F.,
4, 222 ; — D. 356) ; Nimes, 7 mai 1868, *idem* (R. F., 4,
222 ; D. P., 69.1, 261) ; Cass., 12 juin 1868, *idem* (R. F.,
4, 349 ; — D. P., 69, 1, 241).

Circ. min. int., 8 juillet 1861 (R. F., 1. 10 ; — 9 juillet, D. P., 62, 3, 64) ; — Giraud. et Leliév., n° 544.

23 24. — Une ancienne circulaire ministérielle (D., 37, 2, 78) indiquait que les seuls animaux nuisibles étaient : les loups, renards, blaireaux, putois et chats sauvages.

Dans quelques anciennes ordonnances, les blaireaux sont désignés sous le nom de *bédouaux* (Henri IV, janvier 1600 ; Saugrain, 1, 197).

24 25. — *Sic*. Cass., 3 janvier 1840, lient. Schmidt (v. p. 279); Metz, 17 février 1842, lieut. Semellé (v. p. 283);

25 25. — *Sic*. Cass. 3 janvier 1840, lieut. Schmidt (v. p. 279) ; — Poitiers, 29 mai 1843, lieut. de Lastic (v. p. 282) ; — Cass., 21 janvier 1864, lieut. d'Egremont (v. p. 292).

26 25. — *Lapins*. Consultez : arrêt du Parlement, du 5 mai 1614. permettant à *toutes personnes* de chasser et prendre les lapins sur leurs terres et bois, encore que les dites terres et bois soient en censives et rotures (Petit, 1. 156 ; Saugrain, 1, 462). — Ord., 1669, tit. 30, art. 11. ordonnant aux officiers des maîtrises de détruire les lapins et leurs terriers dans les forêts royales. — Arrêt du conseil du 21 janvier 1776, ordonnant la destruction totale de ces animaux dans toutes les capitaineries royales (Merlin, Rep. v° Lapins ; Henriq., 11, 476). — Circ. min. int. du 11 avril 1865 (R. F., 2, 297 ; D. P. 65, 3, 45 ? Villeq. 486), permettant aux préfets de donner des permissions de chasse particulière pour la destruction des lapins.

Cerfs et Biches. Leur chasse était réservée au roi seul ; les seigneurs ayant droit de chasse ne pouvaient tirer le cerf sans une expresse permission du roi (ord. de 1600 et 1601 ; v. p. 231, et ord. 1669, art. 15, tit. 30), à peine de 250 livres d'amende. (Jugement de la Table de marbre de Paris du 7 mai 1681. — Henriq., 1, 113.) — Le jugement de ces délits était même réservé aux capitaines des chasses et aux maîtres de forêts, chacun dans leur ressort, à l'exclusion des officiers des hautes justices (art. 27 des ord. de 1600 et 1601). — Une battue aux cerfs et biches a été autorisée en 1865 dans les bois par-

ticuliers d'une commune de Seine-et-Marne ; mais la
poursuite n'a pu avoir lieu à cause de la garantie administrative. Paris, 31 avril 1866, Hervy (R. F., 3, 137 ;
S., 414 ; Gaz. des Trib., 15 février 1866).

Chevreuils. Ceux qui avaient droit de chasse pouvaient
chasser le chevreuil depuis l'ord. de 1669, sauf dans un
rayon de trois lieues des capitaineries royales (ord. 1669,
tit. 30, art. 14).

27   26. — Voir les n°s 138 et 180, p. 151 et 205.

28   26. — Dans ce sens tous les auteurs et circ. m. int.,
22 juillet 1851 (R. F., 4, 104).

29   26. — *Sic.* Observations de l'administration des forêts,
relatées dans la circ. min. int., 22 juillet 1851, § 66 (R.
F., 4, 101).

Paris, 20 décembre 1851, lieut. la Tour du Pin (v.
p. 286). — Nancy, 11 août 1863, lieut. d'Egremont (v.
p. 292).

Contra. Les rédacteurs du Journ. des chasseurs pen-
sent qu'on ne doit recourir aux battues qu'après une
mise en demeure adressée, sans succès, aux propriétaires
des bois. 1864. p. 429.

30   30. — Voir aussi décret 27 avril-25 mai 1791 art. 17.
Constitution du 22 frimaire, an VIII. — Décret-loi du 25
mars 1852, art. 6.

31   30, 32, 188. — Décret du 2 novembre 1864 (R. F. 2.
223. — D. 64, 4. 120. — Bull. 12726).

Quand il s'agit du contentieux administratif proprement
dit, le juge ordinaire est le ministre du département que
la matière concerne. (Loi du 27 avril-25 mai 1791 et
art. 193 et 196 de la const. de l'an III. — Rapport de M.
Boulatignier en 1851 à l'assemblée législative. — Caban-
tous, 1867, n° 368. — Aucoc, Conf. droit adm. 1869, 1.
356, etc.) Or l'art. 8 de l'arrêté du 19 pluviôse an v
met la destruction des animaux nuisibles dans les attributions du ministre des finances.

Quand, au contraire, il s'agit d'un recours pour excès
de pouvoir, c'est au chef suprême de l'administration générale qu'aboutit le recours, contre les actes des fonctionnaires qui lui sont subordonnés (loi des 7-14 oct.

1790). C'est donc le ministre de l'intérieur qui sera compétent pour statuer sur les recours contre les actes des préfets. Le décret du 2 novembre 1864 est formel à cet égard ; et les parties ont le droit de demander un récépissé de leur réclamation : si dans le délai de quatre mois il n'a pas été répondu, elles peuvent considérer leur réclamation comme rejetée et se pourvoir devant le Conseil d'État (art. 5 et 7 du décret de 1864).

32 31. — M. Aucoc : Réquisit. dans l'aff. Biset. Cons. d'État, 13 novembre 1867 (R. F. 4. 79. — D. P. 67. 3. 98).
— *Idem. Conférences sur le droit adm.* 1869. I. 391.

33 31. — Exemples d'incompétence pour cause d'empiétement sur l'autorité législative :
Conseil d'État, 15 décembre 1853, Gilbert (Lebon, 1075) ; — 19 mai 1865, Daire (Leb. 517) ; — 9 mai 1866, Rouillon (Leb. 466).
— Pour cause d'usurpation du pouvoir judiciaire :
Conseil d'État, 13 mars 1867, d'Etampes (Leb. 265) ; — 21 mai 1867, Desfriches (Leb. 501) ; — 10 avril 1867, Dobiche (Leb. 375) ; — 19 mars 1868, Champy (Leb. 325).
— Pour cause d'empiétement sur l'autorité administrative supérieure :
Conseil d'État, 12 avril 1866, Corbière (Leb. 368) ; 1er décembre 1859, Bonnard (Leb. 682) ; — 21 décembre 1859, Gouchon (Leb. 765) ; — 9 février 1865, d'Andigné (Leb. 171) ; — 1er mars 1866, Berger (Leb. 107. 389).

34 31. — Exemples de violation des formalités substantielles :
Conseil d'État, 9 juin 1849, de Carbon (Leb. 355) ; — 28 janvier 1858, Hubert (Leb. 87) ; — 19 juin 1864, Gaunard (Leb. 573) ; — 22 mars 1866, Fléchet (Leb. 275) ; — 20 juillet 1867, Trône (Leb. 689)

35 31, 33. — Exemples de recours pour usage du pouvoir administratif dans un but différent de celui que le législateur avait en vue :
Cons. d'État, 19 février 1864 et 7 juin 1865, Lesbats (Leb. 209 et 624) ; 19 mars 1868, Dubur (Leb. 316).
Voir un article de M. Aucoc publié dans la *Revue de*

législation (février 1869, p. 121) et les arrêts qui y sont cités.

36 32. — Le principe général qu'à toute action il faut qualité, capacité et intérêt reçoit son application dans les contestations administratives. Pour rendre recevable un recours devant une juridiction administrative, il faut donc que l'acte attaqué ait pour effet immédiat de léser le droit du citoyen et emporte pour lui une obligation ou lui impose un préjudice actuel. (Tous les auteurs et jurisp. constante. Voir M. Aucoc, *Conf. sur le droit adm.* 1869, I. 367, ainsi que les auteurs cités.)

37 33. — Jurisp. const. Cass. 21 mai 1858 (D. P. 289) ; — 11 décembre 1863 (D. P. 66. 1. 139), etc. ; — spécialement en matière de louveterie, Paris, 20 décembre 1851, lieut. La Tour du Pin (v. p. 286).

38 33. — Jurisp. const. Cass. 7 février 1854 (D. P. 55) ; — 7 décembre 1858 (D. P. 59. 1. 73) ; Douai, 6 juin 1853 (D. P. 55. 2. 314), etc., etc.

39 33. — Cod. pén. art. 471, n° 15. Jurisp. constante et incontestée.

40 34, 43. — *Sic.* Berriat 26 et 92. — Giraud. et Lelièv. n°s 291 et 531. Voir la note 22, relative à la désignation des oiseaux de passage et du gibier d'eau.

41 34. — *Sic.* Cass. 21 janvier 1864, lieut. d'Egremont (v. p. 292). — Voir aussi, Poitiers, 29 mai 1843, lieut. de Lastic (v. p. 282) et cass. 3 janvier 1840, lieut. Schmidt (v. p. 279). Solutions implicites par la réformation du trib. Chatellerault, 9 mai 1843, Lastic, et de cour de Bourges, 30 mai 1839, Schmidt.

Contra. M. Deville, R. F. 2. 212, note *in fine* : Cet auteur n'admet que la voie de la pétition gracieuse, sans aucun caractère contentieux, contre les arrêtés irréguliers qui porteraient atteinte aux droits des propriétaires.

42 36. 42. — Pour l'interprétation par les tribunaux du sens des actes purement réglementaires : Cass. 16 mars 1850 (D. P. 50. 5. 402). — Cass. 28 septembre 1855 (D. P. 56. 1. 347). — Cass. 10 juin 1864 et 15 avril 1864 (D. P. 65. 1. 402). Jurisprudence constante.

43 36. — Pour l'interprétation des actes administratifs ordonnant des mesures de louveterie : Besançon, 1ᵉʳ août
1863, lieut. Aubert (v. p. 291).

44 36, 42. — Par analogie, voir M. Méaume, *Com.* II. art.
145, et cass. 25 février 1817 (D. P. 47. 4. 405). — Occupa-
tion de terrains pour travaux publics.

45 38. — Voir M. Aucoc, *Conférences sur le droit administratif*, 1869. I. 545. — Circ. min. just. du 5 juillet 1828
(D. R. vᵒ. conflit, nᵒ 10). — M. Reverchon, article *Conflit*
du Diction. d'administration de Maurice Block.

46 39. — Ord. 1ᵉʳ juin 1828, art. 1. — Rapport de M. Cor-
menin, § 20 et suiv. — Tous les auteurs.

47 39. — *Sic.* Conseil d'État, 3 décembre 1828 (Dict. d'adm.
vᵒ conflit, nᵒ 40). — 16 juillet 1846 (D. P. 47. 3. 49). —
Rapport de M. Taillandier, secrétaire de la commission de
1828, p. 159.

48 39. — Exemples : Comptable public prévenu de détour-
nement, cass. 19 juin 1863 (D. P. 63. 5. 187). — Sens des
mots « travaux confortatifs », cass. 22 avril 1861 (D. P.
61. 1. 398). — Travaux en dehors de l'alignement, cass.
11 mars 1846 (D. P. 46. 4. 519), etc. Le juge doit surseoir
à statuer parce qu'il y a véritable exception préjudicielle,
mais le conflit ne peut être élevé.

49 40. — C. For. art. 182. — Tous les auteurs : MM. Hélie,
Inst. crim, 3. 185 ; Lessellyer, *Traité des act. publiques et
privées*, 4. 201 ; Maugin, nᵒˢ 167. 207. 214 ; Merlin, vᵒ
quest. préj. ; Dalloz, *idem* ; etc. etc. — L'art. 182, C. For.,
est applicable à toutes les matières : cass. 12 janvier 1855
(D. P. 56. 1. 142).

50 42. — Exemples : Marché d'un capitaine de navire, cons.
d'État, 11 mai 1860 (D. P. 60. 3. 73). — Limites d'un département, Caen, 20 mai 1850 (D. P. 50. 2. 118). — Usurpation sur un chemin, cass. 17 juillet 1857 (D. P. 57. 1.
382). — Extraction pour travaux publics, cass. 25 février
1817 (D. P. 47. 4. 405), etc., etc.

51 42. — On sait que s'il est interdit aux tribunaux d'interpréter le sens des actes administratifs, il ne leur est

pas défendu d'en faire l'application lorsque le sens n'est pas contesté : cass. 15 nov. 1864 (D. P. 65, 1, 184); — ou lorsqu'ils leur paraissent clairs : cass. 25 avril 1860 (D. P. 60, 1, 250) et 12 février 1862 (D. P. 62, 1, 187). C'est ce qui arrivera le plus souvent pour les limites des territoires soumis aux mesures officielles de chasse.

43. — Douai, 10 mai 1853 (D. P. 226. — P. 358. — S. 274. — A. F. 6, 83). — Trib. sup. de Gap, 8 avril 1845 (Gill. et Villep. 1ᵉʳ suppl. p. 17). — Giraud. et Lelièv. nᵒ 604.

44. — *Sic.* Arrêts du conseil d'État, 13 avril 1861, Lesbats (Lebon 209). — 7 juin 1865, Lesbats (Leb. 624). — 19 mai 1858, Vernes (Leb. 399). — 30 juin 1859, Turrel (Leb. 454). — 22 septembre 1859, Corbin (Leb. 651). — 30 mars 1867, Leneveu (Leb. 316).

Il y a toutefois des arrêts contraires, même récents : 17 août 1866, Donnet (Leb. 1023). — 25 avril 1868, Gobert (Leb. 487). — 19 mai 1865, Barthélemy (Leb. 537). — 4 février 1869, Mazet (Leb. 91).

44. — *Sic.* M. Aucoc, *Conf. sur le droit administratif,* I, 401.

Contra, M. Batbie, *Trait. de droit publ. et adm.* VII, 399.

Il serait fort utile qu'une loi vînt mettre fin à la controverse. Nous avons adopté la solution la plus libérale pour l'administration. Il ne paraît guère possible qu'un acte entaché d'un abus d'autorité flagrant ne puisse être annulé par le ministre ou par le chef du pouvoir exécutif par cela seul que les tribunaux peuvent en connaître, et qu'il faille s'en tenir seulement au recours, coûteux et irritant, devant les corps judiciaires.

45. — Décret du 22 juillet 1806, art. 3. — Cass. 8 novembre 1850 (D. P. 50, 5, 403). Cass. 8 janvier 1858 (D. P. 138), etc. Voir D. Rep, vᵒ commune nᵒ 718.

45. — *Sic.* Cass. 18 juin 1816 (D. P. 46, 4, 434), etc., etc.

45. — Cass. 21 janvier 1864, lieut. d'Egremont (v. p. 292). Besançon, 1ᵉʳ août 1865, lieut. Aubert (v. p. 291).

46, 75. — Il y a toutefois, relativement aux formalités

des actes réglementaires, une jurisprudence par laquelle les irrégularités de formes, autres que celles de la publication, ne peuvent être appréciées que par l'autorité supérieure et non par les tribunaux. — Cons. d'État, 10 mai 1851 (D. P. 52. 3. 20) et cass. 7 mars 1857 (D. P. 181). — Aucune application ne pourra en être faite aux matières de louveterie, puisque nulle forme n'est imposée aux actes des préfets. Il faut en excepter, toutefois, le cas traité au n° 51, p. 75.

59 47. 87. 185. — *Sic.* En matière de chasse : cass. 17 juillet 1857 (D. P. 381. — S. 709. — P. 58. 133. — A. F. 7. 301). — 21 juillet 1865 (D. P. 497. — S. 66. 1. 135. — P. 66. 319. — R. F. 3. 91). — Berriat, 107. — Dall. n° 235. — Petit, 11. 259. — Giraud. et Lelièv. n° 617. etc.

En matière forestière : Cass. 11 septembre 1847 (D. P. 47. 4. 267) — 31 mars 1848 (D. P. 48. 5. 217. — S. 319. — A. F. 4. 389). — 22 avril 1852 (A. F. 6. 45). — M. Meaume, *Com. C. for.* II. n° 1418.

60 47. — *Sic.* Cass. 1er février 1850, Degré, Renard et Maire de Locquignol (A. F. 5. 85. — S. 751 — D. P. 303) — Orléans, 12 décembre 1855, de Narbonne (R. F. 3. 189. — D. P. 232. — P. 66. 1102. — S. 66. 1. 413). — Besançon, 27 août 1868, Garnier, Vichot, Girard (R. F. 4. 237. — D. P. 69. 2. 46).

MM. Petit, n° 841. — Villeq. 421. — Giraud. et Lelièv. n° 624.

61 47. 181. — Nancy, 11 mai 1850, maire de Raon (A. F. 5. 197).

Dans l'affaire Millot, Bourges, 24 mars 1870 (v. p. 295), l'acquittement du lieutenant aurait pu être mieux fondé sur sa bonne foi ou sur son droit à la propriété du sanglier qu'il avait blessé et poursuivi en dehors du terrain soumis à la battue, que sur des considérations fort contestables tirées de la régularité originaire de la battue et de la compétence territoriale du lieutenant. La doctrine de la cour de Bourges, si elle était prise à la lettre, ne tendrait à rien moins que reconnaître aux lieutenants le droit de transformer en chasse à courre une battue, pourvu que celle-ci fût régulièrement commencée (voir n° 112) et de chasser, en vertu de leur commission, tous les animaux nuisibles dans leur lieutenance (voir n° 88).

62   47. 82. — Bourges, 24 décembre 1857, lieut. d'Arenberg (v. p. 287).

63   48. — M. Ch. Deville, R. F. 2. 212, *ad notam*.

64   48. — Paris, 20 décembre 1851, lieut. Latour du Pin (v. p. 286). — Dijon, 30 août 1865, Morel (R. F. 4. 45). — Cass. 17 mai 1866, de Narbonne (R. F. 3. 189. — D. P. 66. 1. 505. — P. 66. 1102. — S. 66. 1. 413).

Ce dernier arrêt ne paraît pas avoir la portée qu'on lui attribue, attendu que le pourvoi formé contre l'arrêt d'Orléans (note 60), qui avait fondé l'acquittement des chasseurs sur leur bonne foi, a été rejeté par le seul motif que les prévenus avaient obéi à une convocation du maire de leur commune.

65   48. — *Sic*. Bourges, 20 août 1828, Roland d'Arbouse (D. R. v° Resp. n° 249). Trib. Seine, 15 janvier 1851, Chéron (D. P. 50. 3. 76).

66   49. 181. — La complicité est applicable en matière de chasse : Cass. 10 novembre 1864 (S. 65. 1. 197. — R. F. 2. 376) — Paris, 8 février 1862 (R. F. 1. 357 et notes). — Gillon et Villep. n°° 245. 323. — Petit, 1. 505. — Giraud. et Leliev. n°° 312 et 703.

La poursuite contre un préfet pour le fait d'avoir provoqué au délit de chasse par abus d'autorité ou d'avoir donné des instructions pour le commettre (C. Pén. 60) serait bien rare et bien difficile, malgré le décret de la Défense nationale, du 19 septembre 1870, puisqu'il faudrait prouver l'intention coupable de ce haut fonctionnaire.

67   50. — *Sic*. M. Villeq. 331. — Inst. gén. du service forestier du 23 mars 1821 (v. p. 271).

68   51. — Dans ce sens : pour la dispense d'affirmation des procès-verbaux des agents, Bourges, 24 décembre 1857, lieut. d'Arenberg (v. p. 287) ; — pour le délai d'affirmation, cass 4 sept. 1847, Valentin (D. P. 47. 4. 276. — P. 48. 1. 510. — S. 48. 1. 409) ; — pour la foi due, Dijon, 18 décembre 1844 (A. F. 2. 493).

69   51. — La cour de cassation a décidé, le 21 prairial an
xii et le 28 janvier 1818, que la loi du 19 ventôse an x
assimilant, sans aucune espèce de restriction, les bois
communaux aux bois domaniaux, la chasse interdite dans
ces derniers devait l'être également dans les bois communaux, et que dès lors l'administration des forêts était
recevable à constater et à poursuivre le délit (voir Merlin,
Rép. v° *Chasse*, § 5).

70   51. — *Sic* : Cass. 20 mars 1858 (D. P. 191. — P. 633. —
S. 561. — A. F. 7. 369) ; — 14 avril 1864 (R. F. 2. 265.
— D. P. 21. — P. 65. 569. — S. 65. 1. 241) ; — Ch. réun.
27 février 1865 (D. P. 569. — S. 241. — R. F. 2. 395) ; —
2 août 1867 (R. F. 3. 338. — D. P. 459. — P. 771. — S. 305),
etc., etc.

MM. Giraud. et Lelièy. n°° 895 et 900. — de Neyremand, 82. — Meaume, *Comment.* II. n° 1119. — Perrève,
216. — Berriat, 230. — Dufour, 46.

Voir circ. adm. des forêts, n° 786. du 31 janvier 1860
(A. F. 8. 476. — D. P. 60. 3. 13). — Avis du conseil
d'État du 26 novembre 1860 (A. F. 8. 511. — D. P. 61.
3. 62).

71   51. — Un édit du 20 janvier 1598 ordonnait aux communautés de Bourgogne et de Franche-Comté, qui souffraient des ravages des loups et des ours, de commettre
des chasseurs pour les tuer et de leur payer 10 francs par
tête. — Un autre édit, du 1er février 1619, permettait aux
habitants de chasser ces animaux, en corps et non autrement, les rendant responsables des dommages causés dans
ces battues (Petremand, *Rec. des édits et ord. de Franche-
Comté*, 1re partie, p. 223, et 2e partie, p. 63. — Villeq.
p. 237). — Enfin, un arrêt de règlement du parlement de
Besançon, du 20 décembre 1675, ordonnait à toutes les
communautés d'établir au moins deux louvières dans les
endroits fréquentés par les loups, à peine de 50 francs
d'amende contre les défaillants. Ces louvières étaient des
fosses recouvertes d'une claie mobile autour d'un axe
horizontal, sur laquelle on attachait un canard vivant
(Merlin, v° ch. § 10. — Henriquez. 1. 129).

72   55. — Loi des 28 sept. - 6 oct. 1791, art. 20. — « Les
corps administratifs. . . . . encourageront les habitants des

campagnes, par des récompenses et suivant les localités, à la destruction des animaux *malfaisants* qui peuvent ravager les troupeaux, ainsi qu'à la destruction des animaux et des insectes qui peuvent nuire aux récoltes. »

73 — 55, 89, 151, 181. — Circ. min. int. 22 juillet 1851 (R. F. 4, 103). Cette importante circulaire n'a pas été reproduite dans les grands recueils.

74 — 56. — Cinq sols par louveteau en 1297 et 1312 (M. Villeq. 206). Selon Henriquez, I, 127, on donnait de son temps six livres pour un loup ou louveteau pris ou tué et douze livres pour une louve ou louvette.

75 — 56. — Sic. Dalloz. Dict. gén. V. v° Louveterie, n° 11, 4°.

76 — 58, 155. — Circ. min. int. 9 juillet 1818 (v. p. 257).

77 — 58. — Circ. adm. dom. 7 septembre 1818 (Jacquot, *Code for.*, 239).

L'article 12, § 18, de la loi du 10 mai 1838 avait classé parmi les dépenses ordinaires des départements les primes fixées par *les règlements d'administration publique* pour la destruction des animaux nuisibles. Cette disposition laissait à la charge de l'État les primes du loup, qui sont fixées par une loi. Mais cette partie de la législation de 1838 a été abrogée par la loi organique départementale du 10 août 1871, de sorte que toutes les dépenses concernant la destruction des animaux nuisibles sont actuellement au compte de l'État, à moins que les départements n'aient inscrit à leur budget des allocations volontaires.

78 — 59. — Grand louvetier de France (ord. de François Ier du 1er mai 1520 ; arrêt du conseil du 17 mars 1731). Grand-veneur de la couronne (décret 8 fructidor an XII). Grand-veneur (ord. 20 août 1814). Directeur général des forêts (ord. 14 septembre 1830).

79 — 59. — Le P. Anselme, *Hist. généalog. de la Maison de France*, Paris, 1784, VIII, 782. — Du Cange, *Gloss.* v° *Luparius*, cite Nicolas Choiseul, dont la commission date de 1331 pour la forêt de Bréval.

80 — 60. — Ord. 28 mars 1395 (Isambert, 6, 759).

81   60. — Pecquet, *Lois forest.* II. 60, et M. Villeq. 210,
attribuent la création de cet office à François Ier. — Dans
notre sens, M. Lavallée, 2e édit. 402.

Le P. Anselme, *Hist. généalog. de la Maison de France,*
Paris, 1733, VIII. p. 781, mentionne Pierre Hannequaie,
qualifié grand-louvetier dans le compte sixième de Mathieu Beauvarlet, receveur général d'entre Seine et Yonne,
pour l'année 1467. Il donne la succession suivante des
titulaires de cet office :

Pierre Hannequaie	1467
François de la Boissière	1479
Jean de la Boissière	† 1533
Jacques de Mornay	«
Antoine de Hallwin	† 1553
Jean de la Boissière	1554
François de Villiers	† 1581
Jacques le Roy	1582-1601
Claude l'Isle	† 1623
Robert de Harlay, baron de Monglat	† 1515
François de Silly, duc de la Roche-Guyon	1626-1628
Claude de Saint-Simon, duc de Saint-Simon	1628
Philippe Anthonis, seigneur de Roquemont	1628-1636
Charles de Bailleuil	1643-1651
Nicolas de Bailleuil	1651-1655
François-Gaspard de Montmorin	1655-1701
Michel Sublet, marquis de Heudicourt	1701-1718

Il faut ajouter à cette liste :

Louis-Alexandre, duc de Bourbon, 1720 (Saugrain, II.
651).

Marquis Sublet d'Hendicourt fils, 1731 (Saugrain, II.
667).

Duc de Montbazon, 1747 (Quinet, II. 507).

82   60. — Arrêts de la Table de marbre de Paris, des 2
avril 1605 et 27 octobre 1608 (Delaunay, 474 et 509. Henriquez, II. 103).

843   60. — Arrêt du conseil, 3 juin 1671 (Pecquet, *Lois for.*
II. 63. — Henriquez, II. 176. — Villeq. n° 199. — Saugrain, II. 655).

844   61. — Arrêt du conseil du 28 février 1773 (M. Villeq.
p. 251).

845.   91 — *Décret des 4-11 août 1789......* Art. 3. Le droit
exclusif de la chasse et des garennes ouvertes est pareillement aboli, et tout propriétaire a le droit de détruire et
faire détruire, seulement sur ses possessions, toute espèce
de gibier, sauf à se conformer aux lois de police qui
pourront être faites relativement à la sûreté publique.
Toutes capitaineries de chasse, même royales, et toutes
réserves de chasse, sous quelque dénomination que ce soit,
sont pareillement abolies; et il sera pourvu, par des
moyens compatibles avec le respect dû aux propriétés et
à la liberté, à la conservation des plaisirs personnels du
roi.

846   62. 152. 198. — Circ. adm. des forêts, n° 67, du 18
pluviose an x (v. p. 269).

847   64. 195. — *Sic.* Cass. 13 juillet 1810, lieut. Frottier de
Bagneux (D. R. v° ch. n. 446). — Cass. 24 janvier 1837,
lieut. Dupré de Saint-Maur (v. p. 278).
MM. Giraud. et Leliév. n° 994. — Dall. Rep. n° 564.
— Villeq. p. 267.

848   64. 113. — *Sic.* Bourges, 24 décembre 1857, lieut.
d'Aremberg (v. p. 287).
Contra. M. Villeq. p. 354. L'arrêt de Nîmes du 9
juillet 1829 (Dall. Rep. v° ch. n° 519) est peu concluant,
attendu qu'aucun fait de chasse n'était prouvé. M. Villequez hésite lui-même devant les conséquences de son
opinion en refusant au piqueur le droit de se faire accompagner par des auxiliaires comme le ferait le lieutenant,
p. 356.

849   71. — *Sic.* Macarel, *Dr. adm.* p. 396. — Baudrillard,
Règl. for. p. 633. — Chardon, 161, *ad. not.* — Perrève,
448, n° 15. — Dufour, 22.
Contra. Villeq. p. 291 et suiv. — Giraud. et Leliév.
n°° 998 et 999.

90   73. 161. — Circ. n° 809 du 18 novembre 1861 (v. p. 273).

91   71. 161. — Circ. n° 660 du 11 octobre 1850 (v. p. 274).

92   71. 89. 97. — Lettre du Direct. gén. des for. du 23 juillet 1839 et Circ. n° 479 *bis* du 22 juin 1840 (v. p. 273). Imprimé *série* 8, n° 6.

93   75. — Le conservateur des forêts : arrêté ministériel du 3 mai 1852. Circ. n° 684 du 14 mai 1852 (v. p. 275) et circ. n° 809 du 18 novembre 1861 (v. p. 275).

94   75. 76. — Le recours administratif est donné dans ce cas au Directeur général des forêts par l'article 6 du décret du 25 mars 1852 (v. p. 255). Circ. adm. for. 29 mai 1852, n° 686 (A. F. 3. 495).

95   76. 78. — D'après l'*Annuaire des eaux et forêts* de 1872, le nombre des lieutenants de louveterie est actuellement de 370 répartis de la manière suivante :

Dans 14 départements, a lieutenant, a lieutenant.

7	—	1	—	7	—
7	—	2	—	11	—
8	—	3	—	24	—
19	—	4	—	76	—
5	—	5	—	25	—
8	—	6	—	48	—
3	—	7	—	21	—
2	—	8	—	16	—
5	—	9	—	45	—
3	—	10	—	30	—
1	—	11	—	11	—
3	—	12	—	36	—
1	—	17	—	17	—
86				370	

96   78. — Circ. n° 684 du 14 mai 1852 (v. p. 275).

97   80 — *Sic*. Nevers 21 mars 1839 ; Bourges 30 mai 1839 ; Orléans 30 mai 1840 ; cass. 3 janvier 1840 et 30 janvier 1841 ; lieut. Schmidt (v. p. 279).
Dall. v° ch. n° 503. — Berriat 288. — Villeq. 267.

former en chasse par la poursuite du gibier et s'ouvrent au profit des mêmes personnes, sauf une légère modification dans la nature des propriétés à protéger.

Dans le silence de l'arrêté préfectoral qui le réglemente, le droit de destruction des animaux malfaisants peut s'exercer par les gardes [28] et employés du propriétaire ou du fermier, et même avec l'assistance de tiers. Toute convention relative à son exercice, par exemple celle par laquelle le fermier agricole s'engage envers son propriétaire à ne pas détruire les animaux malfaisants, sont licites et n'ont rien de contraire à l'ordre public [29].

[28] Discussion à la Chambre concernant les gardes forestiers: M. de Boissy. Bien que cette discussion soit très-explicite, le droit de se faire assister ne paraît pas être une immunité légale, car il n'est qu'une modalité de *l'exercice* du droit et les conditions en sont réglées par le préfet. C'est quand l'arrêté est muet sur cette assistance qu'elle est licite et c'est dans ce sens qu'il faut comprendre : Angers 19 mars 1859 et Niort 2 déc. 1851.

[29] *Contra*, M. Villeq. 96. Cet auteur confond les animaux nuisibles, dans le sens de l'arrêté du préfet, avec les animaux nuisibles, au point de vue général, et applique toutes les mesures de louveterie aux animaux classés par le préfet en vertu de l'article 9. Il est conduit ainsi à voir un caractère d'ordre public à la destruction des animaux classés par le préfet. C'est aller un peu loin et il est bien obligé d'hésiter (p. 98) pour ceux de ces animaux qui ont le caractère de gibier, comme le sanglier et le lapin.

JURISPRUDENCE.

Sur le droit de destruction des animaux malfaisants.

---

16 septembre 1844. Orléans; Palissard (D. R. v° ch.
n° 195).

8 mars 1845. Mirecourt ; N... (D. P. *eod. loc.*).

15 mai 1851. Orléans; Blanchard (D. P. 52. 2. 292.
— P. 51. 1. 156. — S. 53. 2. 12. — A. F. 5. 400).

1er avril 1852. Bordeaux; Courbin (A. F. 6. 17. —
Petit, n° 191).

30 juillet 1852. Crim. rej. Dehan (D. P. 52 5. 86. —
B. crim. n° 262. — A. F. 6. 47).

2 décembre 1854. Niort; Papin (A. F. 6. 259).

2 octobre 1856. Trib. Colmar; Masson (R. F. 3. 163).

19 mars 1859. Angers; Humeau (S. 59. 2. 667. —
P. 60. 1010. — A. F. 8. 138).

5 juin 1860. Colmar; N... (Neyremand. 85. — R.
F. 3. 163).

18 novembre 1861. Rouen; Grillié (R. F. 3. 292).

30 août 1862. Colmar; de Luppel (Neyremand. 10).

23 mars 1855. Caen; N... (Rec. de Caen et de
Rouen; C. p. 203).

16 février 1866 (R. F. 3. 165. — Gaz. trib. 16 mars).

NOTICE

Sur les animaux nuisibles

PAR

M. A. MATHIEU

Professeur d'histoire naturelle à l'École forestière.

Rien n'est vague et arbitraire comme la distinction des animaux des champs et des forêts en animaux nuisibles et en animaux utiles. Les appréciations de cette nature varient suivant les temps et les lieux ; plus d'une espèce, réputée autrefois nuisible, a été depuis réhabilitée et déclarée utile ; en plus d'une contrée, telle autre est poursuivie comme dangereuse, qui est ailleurs jugée indifférente, si même elle n'est protégée pour son utilité.

Ces variations s'expliquent, en partie, par les progrès de l'observation qui ont permis de rectifier d'anciennes opinions erronées sur le rôle des animaux sauvages ; mais la cause principale en est ailleurs.

Il n'est pas d'animal absolument nuisible ; il n'en est pas qui soit entièrement utile. Chaque espèce rend à l'homme des services, mais, en même temps, lui cause des préjudices de nature différente. C'est donc une affaire de compensation que de vouloir en apprécier le rôle économique. Mais pour rendre cette compensation équitable, il faut non-seulement tenir compte de tous les dégâts et de tous les services; il faut aussi peser l'importance des intérêts que chaque animal favorise ou qu'il compromet. C'est une sorte de compte *par doit et avoir* qu'il s'agit d'établir, compte dont la balance exprimera nettement le degré d'utilité ou de nocuité de chacune des espèces étudiées ainsi, non sous un point de vue exclusif, mais sous ses aspects multiples. Toute appréciation erronée et contradictoire des animaux sauvages disparaîtra par ce moyen, mais à une condition, c'est d'être bien fixé à l'avance sur la valeur des intérêts à satisfaire ou à sauvegarder.

Le premier intérêt de l'homme est évidemment celui de sa propre sécurité; — en seconde ligne, on peut placer la conservation du bétail et des animaux domestiques; — en troisième, la protection des produits de la terre contre les animaux qui les ravagent ou les détruisent. — Ce sont là des intérêts généraux devant lesquels doivent s'effacer tous les autres, celui de la chasse, par exemple, qui leur est subordonné malgré tant de prétentions exagérées qui voudraient le placer au premier rang.

Faisons, suivant ce programme, une revue sommaire des principaux groupes d'animaux sauvages et des dégâts qu'ils commettent.

Parmi ces animaux, les uns, carnassiers de grande

ou de moyenne taille, attaquent l'homme lui-même,
font la guerre à son bétail et à tous les animaux domestiques. Heureusement fort rares, ils ne sauraient
racheter leurs méfaits par quelques services rendus,
résultant de la destruction des rongeurs dont ils se
nourrissent; aussi leur nocuité est incontestable.

D'autres, également carnassiers, mais moins bien
armés et de moindre taille que les précédents, vi-
vent de gibier et d'oiseaux insectivores utiles, de
rongeurs toujours nuisibles, mulots, campagnols, etc.,
et d'insectes. Chez eux, la somme des services peut
l'emporter sur celle des dégâts et leur proscription
générale et systématique ne peut se justifier qu'autant
que la chasse est considérée, dans la localité, comme
un intérêt de premier ordre auquel doit être subordonné celui de la production agricole et forestière.
Ce cas peut sans doute se présenter, mais c'est à titre
d'exception et il se pourrait fort bien qu'on l'eût
beaucoup trop généralisé. S'il est utile, en effet, dans
les circonstances ordinaires de veiller par des mesures forestières, à la conservation du gibier, il ne
faut pas oublier que la trop grande multiplication de
ce dernier est toujours funeste à la végétation et que
détruire radicalement les animaux carnassiers qui lui
font la guerre, c'est laisser le champ libre aux plus
grands ennemis des champs et des forêts, aux mulots,
aux campagnols, aux lapins et même à beaucoup d'insectes dont les petits carnassiers et les rapaces font
une grande consommation.

Ce n'est donc point aux chasseurs seuls qu'il convient de laisser déclarer quels sont les animaux utiles et quels sont ceux qui doivent être réputés nuisibles. Sans repousser les excellentes indications qu'ils peuvent donner sur chaque espèce, il faut convenir qu'ils ne sauraient être des juges impartiaux. Trop souvent un seul mobile les guide : la multiplication du gibier. Comme ce but, si ardemment désiré, n'est que bien rarement atteint, comme au contraire il semble s'éloigner tous les jours davantage, les chasseurs en rejettent les causes sur les mammifères carnassiers, les oiseaux rapaces qu'ils poursuivent à outrance, sur les braconniers contre lesquels ils invoquent toutes les rigueurs de la loi. Nous sommes persuadé que ces motifs sont singulièrement exagérés. Si le gibier disparaît, la faute en est aux chasseurs eux-mêmes, à leur nombre excessif que favorisent l'expansion de la richesse générale, la facilité et la fréquence des déplacements, aux armes perfectionnées et aux munitions excellentes dont ils disposent. Ajoutons que les progrès de l'agriculture, qui développent les prairies artificielles et les cultures sarclées, qui suppriment les jachères, les buissons et les remises où le gibier se plaît ; que les progrès de la sylviculture qui multiplient les exploitations sur le sol des forêts et en font disparaître ces fourrés impénétrables où s'abritent et se cachent les animaux sauvages, contribuent dans une forte proportion à la diminution du gibier, sans que personne puisse raisonnablement s'en plaindre.

Mais revenons aux dégâts des animaux :

Nous avons signalé les carnassiers grands et petits et avons mentionné leurs ravages tout en demandant les circonstances atténuantes pour les derniers.

Il est d'autres dégâts dont nous devons dire un mot. L'agriculture rencontre dans le règne animal de redoutables ennemis parmi lesquels nous citerons surtout les campagnols et une multitude d'insectes. Racines, tiges, feuilles et graines peuvent devenir la pâture des uns et des autres et, en certaines années, les ravages de ces animaux constituent une véritable calamité publique. Parallèlement aux champs, les forêts sont exposées à des ravages identiques, sinon plus grands, de la part des mulots, des lapins, des insectes et enfin du gibier. Diminution des accroissements ligneux, production de vides et de clairières, destruction de cantons, de forêts entières dont les arbres meurent sur pied ; telles sont les conséquences qui en résultent. On regrette alors la destruction de leurs antagonistes et le petit nombre de ceux qui survivent ; mais c'est en vain que l'on espère de leur concours la disparition des légions d'ennemis qui se sont abattus sur les campagnes. L'équilibre a été rompu par une guerre inconsidérée, faite aux petits carnassiers et aux rapaces ; l'on ne peut plus que constater et déplorer leur impuissance à maîtriser ces invasions redoutables qu'ils auraient peut-être prévenues, si leur nombre n'avait été réduit outre mesure, et qu'ils ne pourront désormais anéantir.

Passons en revue maintenant les avantages que l'homme retire des animaux sauvages.

Le gibier d'abord lui procure, par la chasse, une source de plaisirs et un exercice salutaire; il fournit une alimentation sinon très-abondante au moins très-recherchée. Mentionnons en passant les fourrures de certains animaux, quoique ce produit soit d'une faible importance pour la France; et n'oublions pas que, par son régime, le gibier est presque toujours nuisible. Mais le plus grand profit que rapportent les animaux sauvages est, sans contredit, la protection qu'ils assurent aux produits du sol contre les animaux nuisibles qui attaquent ces produits et s'en nourrissent.

Nous avons déjà signalé, à ce point de vue, les petits carnassiers, les oiseaux rapaces et tout en reconnaissant qu'ils détruisent du gibier, nous avons dit qu'ils font une guerre acharnée aux rongeurs, aux grands insectes, tels que les hannetons et rendent ainsi d'incontestables services.

Mentionnons, en outre, les animaux insectivores et particulièrement les passereaux du groupe des becs-fins.

Cette mention mérite quelques explications.

Les insectes sont les plus grands ennemis des champs et des bois, mais il ne faudrait pas conclure de là que tout animal insectivore est nécessairement utile. Il est, en effet, des insectes utiles comme il en existe des dangereux. C'est parmi les premiers que les autres rencontrent leurs plus redoutables et leurs plus nombreux adversaires, soit qu'ils en deviennent la proie directe, soit qu'ils servent de pâture à des générations parasites qu'ils élèvent et dont ils reçoivent toujours la mort. Il suit de là que :

Un animal insectivore peut fort bien détruire autant et plus d'insectes utiles, insectivores eux-mêmes, ou parasites, que d'insectes nuisibles.

Toute espèce insectivore qui recherche les insectes sur les végétaux, ne détruit, en général, que des insectes nuisibles et peut être, dès lors, considérée comme utile ; les becs-fins sont dans ce cas.

Il est bon cependant de ne rien exagérer.

On a cru devoir attribuer l'insuffisance des récoltes en certaines années à des ravages d'insectes, sans constater directement le fait, et non aux intempéries de l'atmosphère. On s'est appuyé sur cette opinion très-accréditée, pour réclamer l'interdiction dans les bois de la chasse aux petits oiseaux à l'aide des piéges tels que licols, sauterelles, raquettes, etc., et on l'a obtenue par la loi du 3 mai 1844.

Il nous semble que si le résultat est bon, la raison invoquée ne l'est pas. Les oiseaux pris au piége dans les forêts sont, sans doute, des insectivores très-utiles ; mais ils ne quittent pas les bois, ils ne vont pas dans les champs et ne peuvent exercer une influence quelconque sur les insectes qui en ravagent les produits. Si donc un résultat utile a été atteint par l'interdiction de la petite chasse, c'est aux forêts qu'il a profité, comme profiterait à l'agriculture la conservation

des oiseaux de rase campagne, à un moindre degré
cependant, parce que ces derniers n'ont pas le régime
aussi insectivore que les passereaux des forêts et
qu'ils sont, en même temps, plus ou moins granivores.

Tout en reconnaissant l'extrême utilité de la plupart des oiseaux insectivores, nous croyons devoir
ajouter qu'alors même que leur nombre ne serait pas
considérablement amoindri par une imprudente destruction, il serait déraisonnable de se fier entièrement
à eux pour le soin de maintenir les insectes nuisibles
dans des limites tolérables et d'accuser leur impuissance quand ces derniers parviennent à un développement exagéré. La nature a opposé à l'excessive fécondité des insectes des obstacles de plus d'un genre :
à côté des oiseaux, et pour les seconder dans leur
œuvre d'équilibre, se trouvent les maladies, les parasites animaux et végétaux. Si, par suite de circonstances qu'il est inutile de développer ici, les oiseaux
sont réduits à leurs seules forces pour soutenir la
lutte, ils sont vaincus et débordés sans que pour cela
leur concours soit moins précieux et moins utile (¹).
Il ne serait donc pas sage de s'en priver sous prétexte
d'insuffisance, et c'est avec raison que la loi a prescrit
des mesures pour protéger ces utiles auxiliaires.

(1) Voir un article de M. Pissot. *Rev. des eaux et forêts*, 1865,
p. 329 et 377, sur les ravages causés par les insectes dans le
bois de Boulogne. A la même époque la pyrale verte a détruit
les feuilles de tous les chênes d'un grand nombre de forêts de
l'Est.

Concluons donc qu'il n'y a pas d'animal nuisible d'une manière *absolue*; que la question de savoir si un animal est nuisible dépendra toujours des faits mis en balance, c'est-à-dire de la valeur des intérêts à protéger et de celles des dégâts causés; que, enfin, ces faits et cette valeur pourront toujours varier suivant les époques et les localités.

Si nous nous hasardons à faire cette espèce de bilan pour les espèces les plus importantes de nos forêts, c'est d'une manière tout à fait générale, au point de vue des mœurs de chaque animal, en tenant compte de la valeur habituelle, moyenne, des intérêts en présence et non relativement aux causes extrinsèques de la question, comme la valeur du droit de chasse dans la localité, le degré de développement ou de rareté de chaque espèce (¹).

Il existe fort peu d'espèces à l'égard desquelles la nocuité est incontestable, indépendante des causes extrinsèques, parce que la somme de leurs méfaits l'emporte toujours sur celle de leurs services :

Le loup, s'il détruit des animaux rongeurs, est un ennemi trop redoutable du bétail et parfois de l'homme lui-même pour qu'il y ait lieu à hésiter de le détruire en toutes circonstances.

La loutre, carnassier aquatique qui vit toujours de

(1) On consultera avec fruit *Le dictionnaire des chasses* de M. Baudrillard, qui a analysé et reproduit les observations des forêts allemandes, ou *Les animaux des forêts*, par M. Cabarrus; Paris 1872, 1 vol. in-18, livre de zoologie pratique.

proie vivante, ne rachète par aucun service les dégâts qu'elle commet en dépeuplant les cours d'eau.

Le classement des autres espèces n'est que relatif et subordonné aux circonstances extrinsèques :

Le renard détruit beaucoup de gibier, quelques oiseaux de basse-cour, une très-grande quantité de petits rongeurs, tels que mulots et campagnols, des hannetons en abondance, parfois des fruits charnus. Bien moins dangereux que le loup, le renard rend d'incontestables services par la guerre incessante qu'il fait aux animaux nuisibles. Partout où la chasse n'a pas un intérêt de premier ordre, le renard est peut-être plus utile que nuisible et la destruction qu'on en fait dans certaines forêts feuillues ravagées par les lapins et les mulots est certainement irréfléchie (1).

Le blaireau est un carnassier d'un régime peu prononcé ; les racines, les fruits, les insectes, les mulots, les lapereaux, les levrauts, les oiseaux qui nichent sur le sol, leurs œufs ou leurs couvées sont sa pâture habituelle. Les services qu'il rend compensent les dégâts qu'il commet. Il est d'ailleurs assez rare.

Le chat sauvage est grand amateur d'oiseaux, la plupart insectivores, et de menu gibier qu'il poursuit sur les arbres comme sur le sol. Il fait aussi la guerre

---

(1) Sous l'ancienne monarchie on paraît avoir apprécié à sa véritable valeur le rôle des loups, des loutres et des renards par l'étendue des institutions de vénerie. Il y avait des louvetiers et des loutriers partout ; il n'existait de renardiers que dans les capitaineries royales.

aux mammifères rongeurs et rachète ainsi quelque peu, mais non complétement, ses méfaits.

Les putois, *fouines*, *martres*, *hermines* et *belettes* font la guerre au gibier et entravent singulièrement sa multiplication; quelques-uns de ces petits mammifères, les putois, fouines et belettes pénètrent dans les basse-cours et les colombiers et y font de nombreux larcins. Il est vrai que d'un autre côté ils détruisent une grande quantité de rats, souris, mulots, campagnols. Toute compensation faite, cependant ils sont plus nuisibles qu'utiles.

Le sanglier est essentiellement omnivore : racines, tubercules, fruits, levrauts, lapereaux, mulots, œufs d'oiseaux et leurs petits nouvellement éclos, insectes sous tous les états, lui conviennent également. Assez nuisible dans les forêts, très-nuisible dans les champs de leur voisinage moins par ce qu'il consomme que par les dévastations qu'il commet en fouillant la terre, saccageant les récoltes, les semis et les plantations, le sanglier est loin de compenser ses dégâts par quelques services rendus en détruisant des animaux nuisibles tels que mulots, hannetons, chrysalides et chenilles de papillons.

Le cerf serait nuisible par son régime exclusivement végétal s'il n'était devenu assez rare en France et si sa présence ne donnait une grande valeur à la chasse d'une forêt. Il broute les plantes herbacées et les pousses des végétaux ligneux, mange des fruits de toute nature et ronge l'écorce des arbres.

Le chevreuil a le même régime que le cerf et ajoute à son alimentation les pousses et le feuillage du hêtre que le premier ne mange pas volontiers. Il ne rachète ses défauts que par sa valeur comme gibier. Le plus souvent la compensation se fait en sa faveur.

Le lièvre est une espèce utile comme gibier, nuisible par son alimentation végétale dont les plantes sauvages des forêts ou cultivées des champs, font tous les frais. Il est exposé à tant d'ennemis, en tête desquels il faut placer les chasseurs, que malgré sa grande fécondité, il ne devient jamais dangereux ; aussi mérite-t-il protection dans la plupart des cas.

Le lapin ne mérite pas d'être protégé : moins recherché comme gibier que le lièvre, il est le plus grand ennemi de certaines forêts feuillues dont il ronge les plants et les rejets, décortique les arbres, dévore les graines et les fruits. Il n'est pas moins redoutable pour les champs du voisinage et l'on peut avec assurance le qualifier animal nuisible. Sa fécondité proverbiale, parfaitement justifiée, l'habitude de se terrer, qui lui permet d'échapper facilement à ses ennemis, rendent souvent sa multiplication excessive.

FIN

TABLE DES MATIÈRES

SOMMAIRE DES LEÇONS

Première leçon.

I

CONSIDÉRATIONS GÉNÉRALES

II

LÉGISLATION DE LA LOUVETERIE

Deuxième leçon.

III

ENCOURAGEMENTS ADMINISTRATIFS

IV

LIEUTENANCES DE LOUVETERIE

§ 1er — *Généralités*

§ 2. — *Organisation du service des lieutenances.*

Troisiéme leçon.

V

BATTUES ET CHASSES COLLECTIVES

§ 1ᵉʳ. — *Préliminaires.*

§ 3. — *Suites et résultats. Questions diverses.*

VI

PERMISSIONS INDIVIDUELLES DE CHASSES PARTICULIÈRES.

CONCLUSION

APPENDICE

Nancy. — Imp. SORDOILLET ET FILS.